倒産寸前から25の修羅場を乗り切った社長の全ノウハウ

株式会社日本レーザー代表取締役会長
近藤宣之

ダイヤモンド社

倒産寸前から25の修羅場を乗り切った社長の全ノウハウ

私が社長就任の挨拶をすると、みんながそっぽを向きました。

「どうせ、すぐ辞めるんだろう……」

１９９４年、四面楚歌の状態で社長に就任した私を待ち受けていたものは、**不良債権、不良在庫、不良設備、不良人材の「4つの不良」がはびこる《過酷な現場》**でした。

でも、不退転の覚悟で経営に立ち向かうと……

奇跡が起きたのです。

左の図を見てください。

当社の１９９３年3月期と、２０１８年12月期の財務比較です。

この25年間で、**売上が「3倍」、自己資本比率が「約10倍」、純資産が「約28倍」**となりました。

倒産寸前から
25年連続黒字へ!

図1　日本レーザーの1993年3月期と2018年12月期の「売上・自己資本比率・純資産」の比較

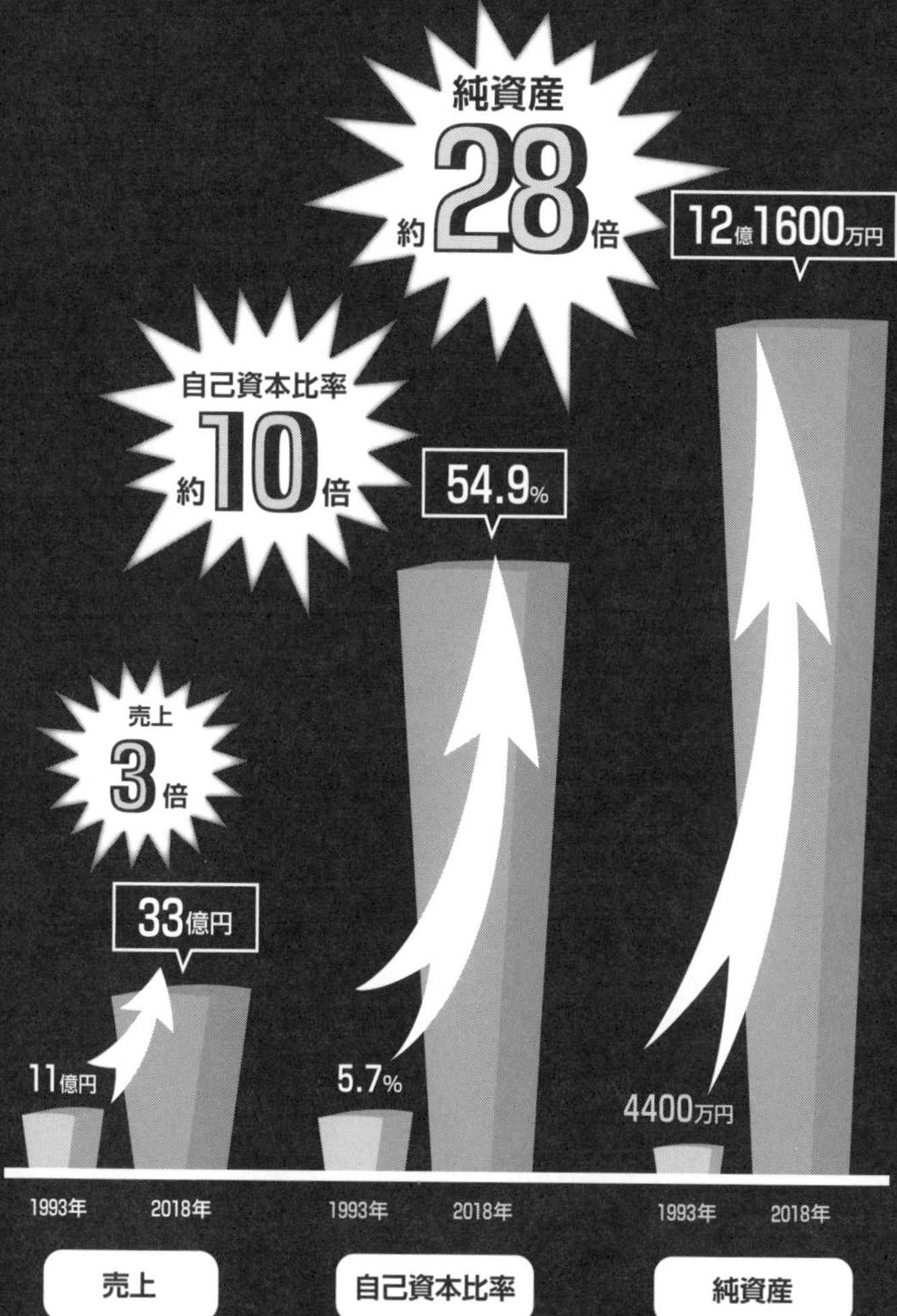

今から25年前、私がこの会社の再建を託されたとき、まさかこんなことになるとは思ってもみませんでした。

以前、ベストセラーとなった『HARD THINGS』（日経BP社）は、シリコンバレーのベンチャー投資家ベン・ホロウィッツが、これでもかという困難（ハード・シングス）に立ち向かった教訓を書籍化したものです。日本電産創業者の永守重信氏が「成功者は気概と執念で修羅場を乗り切っている。国や業種を超え、仕事と人生に重要なことを教える貴重な本」と評されたので、ご存じの方も多いでしょう。

その意味で、私の本は「日本版 HARD THINGS」「中小企業版 HARD THINGS」と言ってもいいかもしれません。

社員わずか65人の会社のトップが、これでもかと襲いかかる**「25の修羅場」**を乗り切り、どうやって**倒産寸前から「25年連続黒字化」**したか。その**「全ノウハウ」を収録した初の本**です。きれいごと一切なし！　すべて「本当に起きたこと」です。

あらゆる業種の現場の経営者に役立ててほしい。ボロボロになるまで使い倒してほしい。ただその一心で、これ以上は書けないというレベルまで書き尽くしました。

「レーザー専門の輸入商社」というビジネスモデルは、日々「乱気流の経営」を強いられます。

◎どんなに頑張っていても、**たった1円の円安で年間2000万円**もコストアップする
◎ある日突然、海外メーカーから「**メール一本**」で契約を打ち切られる
◎腹心の**ナンバー2（筆頭常務）の裏切り**に遭い、商権を喪失。売上が2割ダウンする
◎親会社からの独立時に、妻に内緒で「**6億円の個人保証**」をする
◎アメリカ駐在中、41歳で**胃潰瘍**、42歳で**十二指腸潰瘍**、47歳で**大腸ガン**になる
◎生後まもなく、**双子の息子が急死**する

なぜ、こうも苦難が襲いかかるのか。運命を呪《のろ》ったこともありました。

しかし、あるとき、「自分に起きることはすべて必然」と思ってから運命が変わりました。

赤字続きで債務超過となり、メインバンクからも見放された「倒産寸前の中小企業」が、どうやってよみがえり、25年連続黒字となったのか。

その裏には、人には決して言えない、それはそれは、「茨《いばら》の道」があったのです……。

倒産寸前から25の修羅場を乗り切った社長の全ノウハウ――目次

プロローグ
「25の修羅場」が「25年連続黒字」をつくる 22

15 返済の修羅場

崖っぷちに追い込まれながらも、1億5000万円を5年で完済！

エピローグ
「ありえない修羅場」に効く4つの言葉 288

巻末プレミアム

プロローグ

「25の修羅場」が「25年連続黒字」をつくる

私のキャリアをひと言で表すなら……

1968年、慶應義塾大学工学部電気工学科を卒業後、私は「日本電子株式会社」の門をたたきました。

母の友人の甥《おい》にあたる男性が日本電子の社員であり、彼は、オペレータ兼サービスエンジニアとして「パリ」に赴任。世界を相手に、英語やフランス語を巧みに操《あやつ》って活躍するその姿は、やがて私の憧《あこが》れになりました。

「自分も、あの人のようにグローバルな仕事がしたい。セールスエンジニアとして世界を飛び歩いて活躍したい」

その夢を実現するために選んだのが、日本電子です。

当時の日本電子は、「第2のソニー」「第2のホンダ」ともてはやされていました。コンピュータ事業ではＩＢＭから提案のあった提携を蹴《け》るなど、時代の寵児《ちょうじ》となっていたのです。

『週刊文春』に掲載された、「〝ＩＢＭ〟をソデにした日本電子」という記事を読み、「敗戦後の日本を技術で再建する」「科学技術で戦後復興に貢献したい」という創業経営者の志に心から共鳴していました。

入社後は、電子顕微鏡部門・応用研究室に配属。ソビエト連邦（当時）のレニングラードやモスクワに駐在しました。

ところが……です。順調に見えた私のキャリアは、その後、激変しました。

私の目の前に続いていたのは、舗装された平坦な一本道ではなく、

「山あり谷あり、波あり、壁あり、落とし穴あり」。

そして、「涙あり」。

実に紆余曲折だらけ人生でした。

私のキャリアを「ひと言」で言い表すなら、この言葉ほどふさわしい言葉はありません。

「修羅場」!

修羅場とは、もともと仏語《ぶつご》で「阿修羅《あしゅら》(悪神)」と「帝釈天《たいしゃくてん》(善神)」が争う場所のこと。転じて、闘争、戦乱の激しい場所のことです。

私の人生は、まさしく争いの連続、修羅場の連続、修羅場のオンパレードでした。

「近藤宣之=**修羅場経営者**」

と称しても言いすぎではないと思います。

労働争議の修羅場、リストラの修羅場、抵抗勢力との修羅場、ライバル会社との修羅場、取引先との修羅場、部下との修羅場、親会社との修羅場、銀行との修羅場、病気との修羅場……。

表層の意識では、自ら望んだことなど一度もないのに、潜在意識のレベルでは、なぜか自分が招いたかのような厳しい人生が待ち受けていました。

出向早々、修羅場、修羅場、修羅場！

1994年、私は日本電子の子会社である「株式会社日本レーザー（レーザー専門の輸入商社）」への出向を命じられました。

当時の日本レーザーは赤字が恒常化し、**「1億8000万円」の債務超過**に陥っていました。そんな**メインバンクからも見放された「崖っぷち会社」の再建**を託されたのが、私です。

日本レーザーの**財務状況は驚くほど真っ赤**で、火の車。いつ倒産してもおかしくない状況でした。

銀行も、親会社も頼れない。資金繰りに困窮していて、**現預金はない**。あるのは、**不良債権、不良在庫、不良設備、不良人材**ばかり。社内は、**「不良」以外何もない修羅場**でした。

レーザー専門の輸入商社が「修羅場ビジネス」である6つの理由

日本レーザーは、最先端の研究用レーザーや計測器などを輸入、販売するレーザー専門の輸入商社です（1968年4月設立）。日本レーザーの社長に就任した私は、このビジネスモデルの危うさに愕然《がくぜん》としました。

どんなに頑張って再建に注力したところで、「絶対に黒字にならないのではないか」と思えるほど、経営の安定化が難しいビジネスモデルだったのです。

私は、レーザー専門の輸入商社ほど、「**資金難に陥りやすいビジネスはない**」と思っています。次から次へと、**お金の修羅場**がやってくる、とてもリスキーなビジネスです。

この本には実に「**25の修羅場**」が登場します。

日本レーザーは、どうして「**修羅場**」ばかりに直面するのか。

どうして、破綻寸前まで追い込まれたのか……？

その理由は、おもに「6つ」あります。

●この会社が「修羅場ビジネス」であるワケ

①ニッチな市場である

……レーザーの市場はニッチなので、マーケットが世界的でないと成り立ちません。

②競合が多い

……日本国内では、レーザーは輸入製品が圧倒的に多い市場になっています。したがってレーザー専門の輸入商社は、競合が激しい業界。狭いマーケットの中にライバルが数多く存在します。この激戦区で生き残るのは、容易なことではありません。

③為替相場の影響をもろに受ける

……日本レーザーは輸入商社なので、為替相場の影響を受けます。たった1円、円安になっただけで、**2000万円の利益が吹っ飛んで**しまいます。

2012年度と2013年度の比較で、同じ製品を同じメーカーから仕入れているのに、当社全体では「**4億円**」**のコストアップ**でした。どんなに自分たちが努力しても、円高・円安という為替変動に日々翻弄《ほんろう》されます。

④ある日突然、契約を一方的に打ち切られる

……輸入先の海外メーカーは、日本での販売が好調になったとたん、輸入代理店との契約を打ち切って、自社で日本法人を立ち上げます。また、20年以上も取引を続けていた会社から、ある日突然一本のメールが送られてきて、契約終了を突きつけられたこともあります。

私が社長に就任してから、代理店契約を切られた海外メーカーは「**28社**」にものぼります。つい最近もフランスの上場企業に契約を打ち切られました。

⑤ひとりでもビジネスを始めやすい（＝腹心に裏切られやすい）

……レーザー業界は、海外メーカーと協力できれば、ひとりでもビジネスができます。社長に就任してまもない頃、当社の大切な財産である商権（輸入総代理店権）を持ち出し、独立した人がいました。その人物は、あろうことか、日本電子での先輩海外駐在員であり、私が最も信頼していた**ナンバー2の常務**でした。**彼の裏切りによって、日本レーザーは20％の売上を失い**ました。

⑥先払い、あと入金

……日本レーザーの取引の多くは、基本的に**支払いが先で、入金があと**です。

海外メーカーから装置を輸入して日本で販売する場合、納入先からの入金がなくても、仕入先に支払わなければなりません。帳簿上の利益は出ていても、販売代金を受け取るよりも前に支払いが発生するため、実際にキャッシュを回すことができなければ、**〝黒字倒産〟の危険性**があります。

経営者が負うべき「最大の責任」とは？

「1億8000万円もの累積赤字」「腹心の筆頭常務の裏切り」「たび重なる商権の消失」「為替変動によるコスト増」「親会社の理不尽な要求」「銀行から突きつけられた**6億円もの個人保証**」……。

こうした「**25の修羅場**」を首の皮一枚でかわし、乗り越え、日本レーザーは奇跡的に再建。現在まで「**25年連続黒字**」を達成しています。

修羅場を体験したからこそわかった**「会社経営の原理原則」が2つ**あります。

それは、

●**「人を大切にする経営」の実践こそ、会社を成長させるたったひとつの方法である**

●**「人を大切にする経営」を実践するには、会社を絶対に『赤字』にしてはいけない**

ということです。

経営者が負うべき「最大の責任」とは、何でしょうか？

さまざまな考え方があると思いますが、私にとっては、

「雇用を守ること」

です。そして、私が会社を経営する目的は、

雇用を守り、社員とその家族を幸せにすること。

その目的を達成するための手段が**「利益（＝お金）」**です。人を大切にする（雇用を守る）には、その手段として利益が絶対に必要であり、だからこそ、経営者は「会社を赤字にしてはいけない」のです。

私を襲った数々の修羅場は、言い換えると、

「お金の修羅場」

でした。

赤字が続けば銀行格付けが下がり、銀行からの融資が受けられないかもしれない。そうすれば資金ショートを起こし、最悪の場合は倒産です。倒産すれば、社員は路頭に迷うことになる。そうならないように、どれほど困難で、どれほど理不尽な修羅場が訪れようとも、経営者は覚悟を決め、腹を据《す》え、決意を持って、難事《なんじ》にあたらなければならないのです。

上も下も、右も左も修羅場の業界で、25年連続黒字の理由

レーザー輸入ビジネスが活況だったのは、ＩＴバブルだった２０００年頃です。当時は、

図2 日本レーザーの経常利益・当期利益・配当率の推移（1983～2018年度）

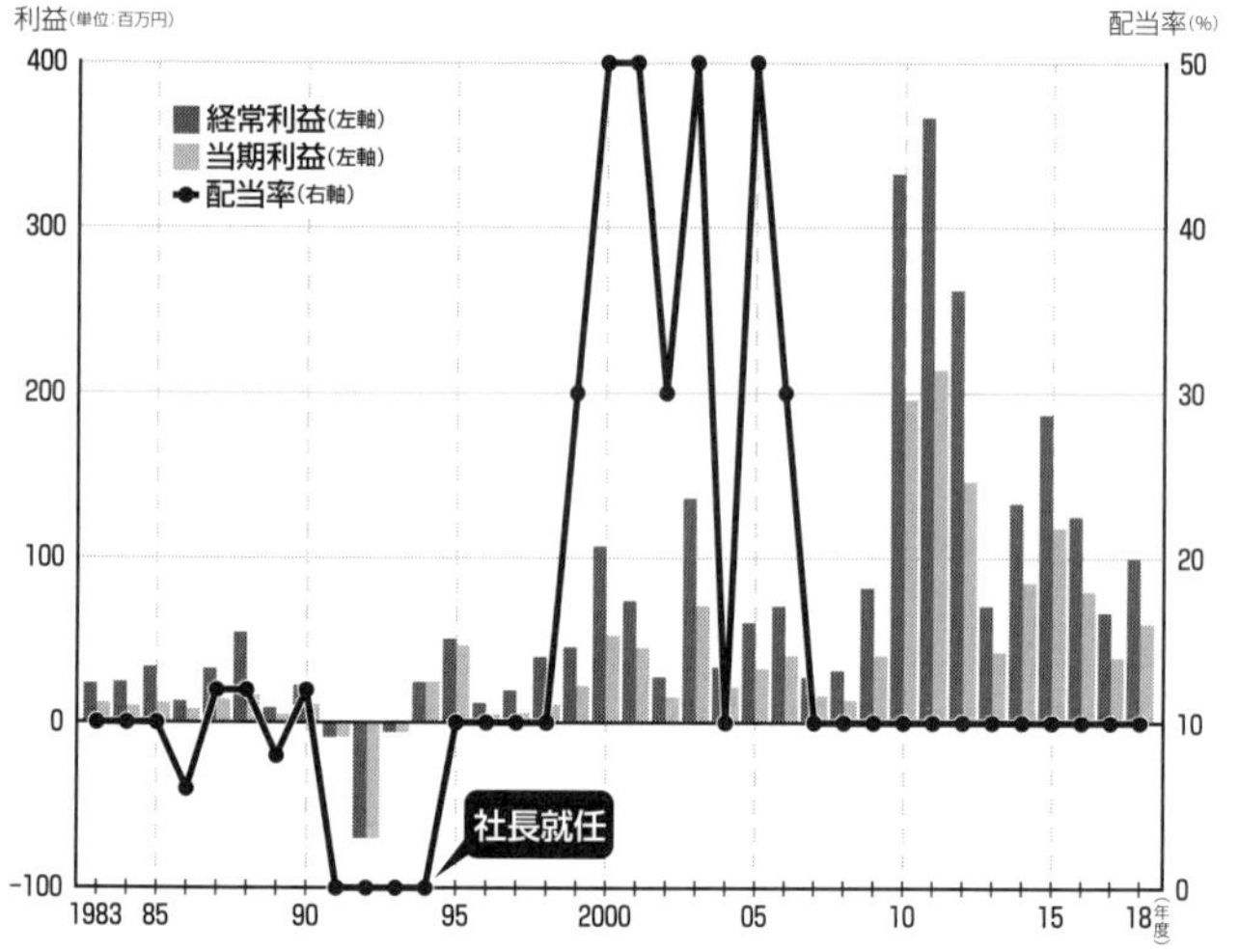

輸入商社が国内に１００社以上ありました。現在は、その半分、50社ほどしかありません。

２００１年には、日本で「売上高20億円前後、人員30人前後」の中堅輸入商社（レーザー専門）は6社ありましたが、現在は、日本レーザーを含めて2〜3社しか残っていません。市場規模は縮小し、業界としての発展もあまり期待できません。

しかし、多くの輸入商社がレーザービジネスから撤退する中で、日本レーザーは年商40億円規模に成長し、25年間、いかなる経済状況に陥ろうとも、**黒字経営**を続けています。

レーザー専門の輸入商社は、上も下も、右も左も、どこを向いても修羅場に囲まれた状態でビジネスを行っています。

いつ倒産しても、おかしくない。

それでもなぜ、日本レーザーは、**「25年連続黒字」**を達成しているのでしょうか。

それは、日本レーザーが「どうやるか」の経営ではなく、**「どうあるべきか」**の経営を心がけているからです。

「どうやってコストダウンするか」「どうやって売上を伸ばすか」「どうやって商品開発をするか」など、多くの経営者が「どうやるか」にフォーカスしがちです。

そして「やり方」さえわかれば、黒字にできると思っています。

しかし、私の考えはまったく違う。会社を黒字にするには、

◉「何のために、会社を経営するのか」

◉「なぜ、会社を存続させたいのか」

◉「自分はどのような経営者になるのか」

といった、経営者としての**「あり方」「理想」「理念」**を明確に持つことのほうが、何倍も大切です。なぜなら、

「あり方が変われば、その後の行動がおのずと変わる」

からです。

会社を変えるのは、**社長の「心」**です。

社長の「あり方」が変われば、社長の行動が変わります。社長の行動が変われば、社員の行動が変わります。そして、会社が変わるのです。

何度、修羅場が襲ってこようとも、常に「明るさ」を

ありがたいことに、当社はここ10年近く、経営大賞の各賞を受賞してきました。

「日本でいちばん大切にしたい会社大賞」「勇気ある経営大賞」「ホワイト企業大賞」「ダイバーシティ経営企業100選」「おもてなし経営企業選」「がんばる中小企業・小規模事業者300社」……。

一方、私は債務超過だった日本レーザーの再建にあたり、就任時から今日まで代表取締

役として、「25年間、連続黒字経営」を継続しています。

2007年には、日本初の「MEBO《エムイービーオー》（マネジメント・アンド・エンプロイー・バイアウト／経営陣と従業員が一体となって行うM&A↓詳細は157ページ以降）」で、「全社員が株主」という経営を実現し、その経験から4冊の経営書を出版しました。

こうした著書の内容は、見方によっては「きれいごと」としてとらえられがちです。実際、私の本を読んだ経営者の方々から、

「人を大切にする経営は理想だが、現実は違うのではないか」

「経営の現場は、切った張ったの泥臭いものであって、きれいごとだけではすまされない」

「日本レーザーには、優秀な社員が集まっているから黒字化できた。けれど、うちには優秀な社員はいないから無理だ」

「うちのような下請零細企業は、汗をかいてナンボ。近藤さんのようなスマートな経営はできない」

「近藤会長は、まるで聖人君子のように見える。とてもじゃないが、マネできない」

といった声をいただきました。

けれど、この本を読んでいただければ、私がたくさんの汗をかき、時には泥水を飲み、満身創痍《そうい》になりながら、容赦なく訪れる「修羅場」を乗り越え、「人を大切にする経営」を実現してきたことがご理解いただけると思います。

よく仲間の経営者から「近藤さんは逆境に強い」「近藤さんはメンタルが強い」と言われます。たしかに今の私は、困難な状況に追い込まれても、うろたえたり、取り乱したりすることはありません。でも、私のメンタルの強さは、生来のものではありません。修羅場に揉《も》まれた経験が、少しずつ私を強くしてくれたのです。

本書では、どうやってその修羅場を乗り切るか。その**全ノウハウを出し惜しみなく公開**しました。何度も読んでボロボロになるまで使い倒してください。

経営者は、誰でも、大変つらい経験をするものです。

それでも、**「常に前向きに、明るさを忘れなければ、どんな修羅場でも克服できる」**と私は信じています。

本書を、全国の中小企業経営者への「応援歌」として、また、修羅場を経験したくても経験できない若手ベンチャー企業経営者への**「生きた修羅場の教科書」**として届けたいと思います。少しでも、赤字に苦しむ経営者の助力となれば幸いです。

1 上場企業破綻の修羅場

「時代の寵児」と呼ばれた日本電子は、なぜ、破綻寸前まで追い込まれたのか？

✸「資本金32億円」の会社が、「38億円もの赤字」を出した理由

電子顕微鏡のトップメーカーとして「時代の寵児」と呼ばれた日本電子でしたが、次第に業績は低迷します。そして、経営再建の大義を掲げ、結果的に多くの人を切らざるをえない事態になります。

なぜ日本電子は、リストラをしなければならなかったのか。

業績悪化の理由は「3つ」あります。

❶急激な多角化、急成長路線による人員増

日本電子の創業は1949年。1962年に東京証券取引所第2部に上場（1966年に東証1部）後、「額面50円」だった株価は、すぐに「2870円」に上がりました。本社工場も移転。その後も高株価を背景に、時価発行（新たな株式の発行を行う場合に、額面金額ではなく時価に近い価格で発行すること）を繰り返しました。

高株価を維持するため、多角化路線、高成長路線に舵《かじ》を切り、話題性の高い新規事業（レーザー、コンピュータ、半導体、電子ビーム録画装置、医用電子機器など）に進出。事業拡大にともなって、大量の新卒採用、中途採用に踏み切ったのですが、急な人員増に対応できる経営基盤ができていませんでした。

❷上場企業のワナ

株式公開後、大株主だった創業社長は、高配当によって高額所得者になりました。日本電子の高配当方針は、高株価を維持する手段であり、常に市場の期待に応えなければならないという、上場企業のワナにはまった結果ですが、同時に「自分（創業社長）の収入を増やす手段」でもあったわけです。

「経営トップが自分で報酬を決められる仕組み」は経営を揺るがします。

日産自動車のカルロス・ゴーン元会長が金融商品取引法違反の疑いで逮捕された背景にも、「自分で自分の報酬を決定する仕組み」がありました。

私は、世界一の電子顕微鏡開発で戦後復興に貢献したいという「夢と志」を持った創業者を尊敬していました。世界の多くのノーベル賞受賞者が本社を訪問して植樹してくれた日本電子を誇りに思っていただけに、その後のニクソンショックやオイルショックで経営危機を迎えたことはとても残念でした。

一般に、労使関係の改善には、経営側の責任が大きい。公私混同し、私益を優先する経営者による大手企業の粉飾経営や経営破綻を見るとき、経営者が社員の支持を得ることはありません。

最近は、一般社員の年収に比べ、社長の年収が非常に高額です。とくに外国人が経営トップになると、年収そのものが法外の水準になる傾向にあり、社員の不満が生まれがちです。

社員感情を考えると、大企業や外資系企業はともかく、中小企業の社長の年収は、**「大卒22歳新入社員年収の7〜8倍程度」**が妥当な水準ではないでしょうか。

③ニクソンショックとオイルショック

1971年に起きたニクソンショック以降、1ドル360円から308円へと円が引き上げられました。

急激な円高によって、日本電子の利益は減少、業績は急激に悪化します。

それでも、実態を隠すためには、海外への押し込み輸出（当時は連結決算での評価がなく、海外子会社へ出荷すればエンドユーザーに売れなくても本社の売上や利益になるため、無理やり海外法人への押し込み輸出をしがちでした）と、国内では、架空の顧客からの受注があったことにして架空の売上を計上することで、22％もの高配当を継続していました。

さらに、1973年のオイルショックが追い打ちをかけました。材料費の高騰で原価が上がり、経営は一気に崩落したのです。

メインバンクの指示で、大規模な事業撤退と人員整理を含む合理化・再建策が検討されましたが、「長年22％の高配当だった優良企業が、一気に無配になると粉飾経営が怪《あや》しまれる」という判断で、まず1974年3月期に18％に減配し、1975年3月期に無配となりました。

経営判断を間違えれば、経営破綻してメインバンクの支持を失い、同時に大規模なリストラを強いられ、社員を雇用できなくなる。その結果、資本金32億円の日本電子は、「**38億円もの赤字**」を抱えることになったのです。

✸破綻の原因は「外部」ではなく「内部」にある

ニクソンショックやオイルショックの影響を被《こうむ》ったのは、日本電子だけではありません。なのにどうして、日本電子は破綻寸前まで追い込まれたのでしょうか？

それは、環境変化によって、放漫経営のツケが表面化したからです。

「景気が悪化したから、日本電子の経営も悪化した」のではありません。放漫経営によって悪化していた経営状態が、環境変化によってあぶり出されただけなのです。業績悪化や経営破綻の原因は、「外部」にあるのではなく、**必ず「内部」**にあります。

25年連続黒字化の3つのポイント

① お金にフォーカスした経営は、「高収益を上げて、企業の時価評価を上げ、高配当を出す」ことが目的になり、「人」がおろそかになる

② 「経営トップが自分で報酬を決められる仕組み」をつくってはいけない。中小企業の社長の年収は、大卒22歳新入社員年収の「7〜8倍」程度まで

③ 業績悪化や経営破綻の原因は、「外部」にあるのではなく、必ず「内部」にある

2 リストラの修羅場

1000人の社員に修羅場を与えた"地獄の門番"近藤宣之

✸社員の雇用を犠牲にするのは、「経営の失敗」である

1972年、私が28歳のとき、労働組合の執行委員長に就任しました。日本電子の経営の再建・合理化が本格化したのは、1974年1月からです。

経営合理化案の骨子は、次の3つです。

❶別会社の設立

「事業を分離する」ためと、「人員を削減する」ために、別会社を一気に5社、設立しました。親会社の出資比率はいずれも過半数に満たず、出向・移籍した社員が出資する方式

です。私自身も2社の会社に、それぞれ20万円、10万円を出資していました。

当時の給与から見れば大金でしたが、労働組合幹部としても本社の経営合理化に取り組む以上は、出資をためらってはいられません（10万円を出資した会社は、その後、経営破綻に追い込まれ、出資金は戻ってきませんでした）。

この手法により、150人ほどが本社から削減されましたが、別会社の将来は、過酷なものでした。単に「人減らし」のために子会社を設立しても、成功するはずはありません。

何のために実行するのかがあいまいな合理化策は、必ず失敗します。

❷工場の閉鎖売却と1000名の人員整理

1974年8月に、「250人の希望退職者」を募集したものの、応募者数は167人と目標を大幅に下回る結果となりました。このためメインバンクは、経営再建経験のある銀行の元取締役を再建の指南役に送り込み、1974年12月に、さらに600人の希望退職者の募集が発表されたのです。

このとき、三鷹工場を閉鎖売却する他、レーザー、コンピュータ、半導体、電子ビーム録画装置、医用電子機器、教育産業等の新規事業からすべて撤退する抜本的再建案が示され、新規事業に関わってきた社員は、「事実上の指名解雇」となりました。

最終的な応募者数は715人。**1年間で全正社員のほぼ3分の1の「1000人以上」が会社を去った**のです。

③経営陣の退陣

社員の雇用を犠牲にすることは、「経営の失敗」です。経営陣には、経営責任があります。組合としても経営責任を追及。メインバンクからも、「取締役は半分以上が退職金もなく退任」「専務以上のトップは個人資産の提供」を求められました。

具体的には、持ち株の4分の3から3分の2を無償で提供、当時の市場の株価（300円）より若干安い価格（250円）でグループ企業に買い取ってもらったことで、決算に表れない莫大な含み損の処理もできました。

その後のバブル崩壊後に多くの日本の企業がリストラを行いましたが、ここまで厳しい経営責任を追及された例はほとんどありません。

✸去るも地獄、残るも地獄

組合員の退職にあたっては、「個人別闘争積立金」を返金する手続きが必要です。私は、その手続きでほぼ全員と面談したのですが、大半の組合員は、「委員長はまだ若いのだから、これからよい会社をつくってください」と私を激励してくれました。

多くの組合員が最終的には、就職あっせん、再雇用制度、退職金の増額、経営責任の明確化等を条件にして希望退職を受け入れましたが、それでも一部の組合員からは、厳しい言葉を浴びせられました。

「委員長の給料はどこから出ているんだい？　組合費だろう。その組合費を長く支払ってきた俺がなんで会社を辞めなければいけないんだ？　経営をチェックするという組合の方針はどうなったんだ？」

私に答える言葉はなく、ただただ、**無言で涙**を流すしかありませんでした。

会社のリストラが成功しても、辞めざるをえなかった社員にとっては、会社が破産して路頭に迷うのと同じではないか……。退職金の割り増しをしたところで、償《つぐな》いにはならない……。

「これしか方法はなかった」と自分に言い聞かせても、組合員の雇用が守られなかったのは事実。痛恨の極みでした。

会社に残った3分の2の社員も、安泰だったわけではありません。「年収25％減の状態」で働かなくてはならなかったからです。

去るも地獄なら、残るも地獄でした。経営の崩落を受けて、組合員が「去る地獄」と「残る地獄」に直面したあとは、残った組合員とともに会社を再建する長期の取り組みを覚悟しました。

✸どんな理由があろうと「赤字は犯罪」

どんな組織にも、戦いを挑むときには、錦《にしき》の御旗《みはた》（自分の行為・主張の正当性を伝えるもの）が必要です。そこで私は、次の2つの旗を掲げ、その後の組合活動をリードしました。

「自主再建」の旗と、「世間並み賃金」の旗です。

◉「自主再建」

……自主再建とは、会社更生法を申請せずに、自主的な努力で再建することです。

当時、メインバンクからは「グループ内の大手同業他社による吸収合併案」も出されましたが、それだと誇りも自主性もなくなります。正社員の3分の1をリストラしてまで再建するのだから、他の企業に吸収されるのではなくて、自主再建することが第一の錦の御旗になりました。

その後も厳しい局面にさらされましたが、他社の傘下に入ることもなく、自主経営を継続できています。

◉「世間並み賃金」

……もうひとつの錦の御旗は、**「お金」の問題**です。1年半に及ぶ企業再建闘争の過程で、残った社員の年収は「25％削減」されました。これを「世間並みに戻す」のが、第二の錦の御旗です。

世間並みにするには、「社員のやる気を高め、生産性を上げ、業績を向上させる」しかありません。目標は、電機労連加盟の大手電機会社の水準、松下電器、三洋電機、シャープ（関西家電御三家）の待遇に追いつくことです。

今ではありえないことですが、**30歳そこそこの組合の執行委員長にすぎない私が、メインバンクの本店審査部に出向いて、自分たちの考えを訴えたり**もしました。

また、労働組合としても、「毎週土曜をすべて休日にする代わりに、1日の労働時間を20分延長する（年間の総労働時間は短縮される）」といった、社員には不利益と受け取られかねない「改革」への提案を行い、労使の合意で実施しました。

今の私は、「**社員の生涯雇用を守ること**」が社長の責務だと考えています。

しかし、日本電子時代の私の仕事は、「**経営立て直しのための汚れ役ばかり**」でした。

組合の執行委員長退任後も、アメリカ・ニュージャージーではアメリカ法人支社を清算。**50人のアメリカ人社員全員を解雇**し、その後ボストンでは**アメリカ人社員を2割解雇、日本人駐在員は半減**するなどの合理化を断行しました。

人員整理と自主再建を通して私は、

「**労働組合が正しい活動をしても、経営の失敗を補うことはできない**」

「経営が失敗すれば、どれほど労働組合が強くても、雇用を守ることはできない」
「すべての元凶は赤字であり、赤字は社員とその家族の人生を狂わす」

ことを教えられました。

こうした経験が、「人を大切にする」日本レーザーの雇用の基礎になっています。

どんな理由があろうと、経営者にとって**「赤字は犯罪」**です。なぜなら、会社が赤字になれば、雇用不安を引き起こすからです。

予期しない環境の激変があったときに雇用を守れるかどうかは、日頃、それだけの財務上の体力があるかで決まります。その備えをしておくことが経営者の責任なのです。

25年連続黒字化の3つのポイント

① 目的があいまいな合理化策は成功しない
② リストラは、去る人にとっても、残る人にとっても、「地獄」である
③ すべての元凶は赤字であり、赤字は社員とその家族の人生を狂わす

修羅場社長のコラム

無理難題を押しつけた私に、餞別《せんべつ》をくれた代理店社長

労働組合の執行委員長を退任したあと、1984年、私は40歳でアメリカに赴任し、45歳で本社取締役・アメリカ法人支配人に就任しました。1993年に帰国してからは、国内営業を担当することになったのですが、トップから指示された私の仕事は**営業幹部のリストラ**でした。部長、次長クラス4人を国内の地方代理店に引き取ってもらう方針が立てられ、代理店の社長との交渉（引き取り人事の依頼）を託されたのです。この4人はみな私よりも年配の社員で、私の大学の先輩も含まれていました。人選も私の帰国以前に決められていて、あとは私の帰国を待って実行させようと上層部が決めていたと、その後わかったのです。

幹部の年収は平均1000万円。間接・直接経費1000万円と合わせ約2000万円。4人で1億円近い経費の削減です。有力地方代理店を選別して私が交渉に行きました。

「当社の幹部を受け入れてほしい」という要望を伝えたところ、受け入れる姿勢を示してく

れる社長は多かったのですが、「人件費も経費も、全額御社で負担していただきたい」とお願いしたとたん、「冗談じゃないよ」と、どの社長も顔色を変えました。2000万円の経費を負担するのは、たやすいことではない。そこで私は、次のような提案をしたのです。

「出向人事を受け入れていただければ、御社経由の販売を増やします」

一緒に温泉へ行って、代理店の社長の背中を流したこともあります。「直販志向の御社の説明なんか信じられるか！」と厳しく言われながらも、具体的な数字を見せ、「これだけの数字、これだけのマージンをお約束します」と何回も交渉して、やっと了承いただきました。

4人の行き先が決まった数か月後、日本レーザーの再建に私が派遣されることが決まりました。最後に、営業幹部を受け入れてくださった代理店に御礼の挨拶に伺うと、わずか1年足らずのおつき合いにもかかわらず、社長たちはみな異口同音に激励してくれました。

ある社長は、「それは残念だ。キミも、メーカーと代理店との間に立って、苦労したなぁ。感謝するよ。もうキミも親会社に戻れる可能性は少ないだろうし、これでお別れだね」と言って、餞別をくださったのです。私は、この社長の厚意に、**涙をこらえきれませんでした**。利害が対立する関係でも、互いの共通の目標に向かって誠心誠意話し合うことで、合意できるものです。本社でつらい立場にあった私を理解してくださったこの長野県の代理店社長のことは、一生忘れられません。新しい人生の舞台に立ち向かう私への応援歌でした。

3 経営者不在の修羅場

社長に強いリーダーシップがなければ、赤字から絶対に脱出できない

✸日本レーザーが、「約1億8000万円」の債務超過に陥った理由

日本レーザーの創業は1968年です。当社は、もともと「日本電子株式会社」（電子顕微鏡等開発・製造、1949年創立、東証1部上場）が自社のレーザー開発のために立ち上げた子会社でした（現在は独立）。

●1968年……日本電子関係の個人株主10名、資本金500万円
●1971年……日本電子の完全子会社化
●1974年……資本金1000万円に増資

●1976年……資本金2000万円に増資
●1983年……コムテックトレーディング（日本電子OBが設立したレーザー商社）と合併、資本金3000万円（資本比率は日本電子が3分の2、それ以外が3分の1）

増資に合わせて営業拠点を増やし、大阪、名古屋、サンフランシスコ、筑波と事業所を開設。ところが、事業拡大の過程で経営の舵取りを誤り、債務超過（負債総額が資産総額を超える状態）に陥ってしまったのです。

1993年、日本レーザーは、**倒産の危機**に直面します。累積債務は、**約1億8000万円**。経営状況を好転させる材料は見当たらず、メインバンクからは、経営破綻処理の圧力がかかるほど、**瀕死の状態**でした。

日本レーザーが債務超過に陥った根本的な要因は「7つ」あります。

①歴代社長（4人／すべて日本電子出身者）は海外経験に乏しく、最前線で陣頭指揮を取るリーダーが不在だった
②歴代社長に、「本社重視、子会社軽視」の経営体質があった（経営実態を把握してい

なかった）

③労務管理や人事管理がきちんとしておらず、商権管理もずさんだった

④バブル崩壊によって顧客が減少、事務所開設などのコストもかさんだ

⑤業績悪化を外部環境のせいにして、対応が遅れた

⑥不良債権、不良在庫、不良設備、不良人材という「4つの不良」を抱えていた

⑦利益率や受注率が減少しているのに社内で数字の共有がなされず、社員の危機意識が薄かった

✸赤字社長の共通点

1989年12月29日の「3万8915円」（史上最高値の日経平均株価）をピークに、バブル経済が崩壊。日本レーザーの受注・売上も3年連続で減少し、1989年度の売上は16億円から10億円へと、実に**3分の2**にまで落ち込みました。

売上が落ち続けていたにもかかわらず、当時のトップは経営の危機的状況を社内に伝えることなく、全社的に危機意識が希薄でした。

そしてついに、1993年度上期（9月期）には債務超過になり、メインバンクからは「上場会社である親会社の保証があっても、新規融資しない」と通告されます。これにより運転資金は枯渇し、経営が行き詰まりました。

当時の日本レーザーは、まさに経営者不在。メインバンクから融資を止められるまで、再建策が皆無だったのです。

●日本レーザーを赤字に追い込んだ歴代トップの共通点

- ●4代いずれも親会社からの派遣で、会長は2代ともメインバンクから財務担当として親会社に入社。常務、専務を経て日本レーザーの会長に就任
- ●「雨の日に傘を取り上げ、晴れの日に傘を貸す」（業績がよければ過剰に融資を勧め、業績が悪化すれば融資を引き揚げる）銀行に対して、経営者の認識が甘かった（銀行出身の天下りをトップに据えておけば、銀行対策は十分であると考えていた）
- ●商社経営の経験・知識・能力、外国サプライヤーとの信頼関係を築ける語学力がなかった
- ●人事・労務、財務、リーダーシップ、実行力、すべての面で力不足であり、社員・役

員のロイヤリティやモチベーションも低かった
●経営情報が、役員間でも、社内全体でも共有されていなかった

✸会社存亡の危機に再建を託される

創業から26年間は、半分近くが赤字で無配。とくに4代目社長（日本電子の海外駐在経験者で、日本レーザーでは営業担当常務だった）と2代目会長（メインバンクから親会社の専務を経て、当社に天下って就任）は、バブル経済の崩壊という経営環境の急激な変化に対応が遅れました。

5年間のうち、**赤字・無配が3回**。銀行からの新規融資は打ち切られ、事態は〝待ったなし〟でした。

日本レーザーは、親会社と対応を協議。その結果、日本電子からの貸付で当面の資金を手当てしつつ、同社から「新社長」を迎えて、再建を託すことになりました。

では、誰を新社長にするか。経営再建の修羅場を乗り越えるため、新社長には次の「**4条件**」が求められました。

①日本レーザーは、日本電子グループでは唯一労働組合がない企業であり、一匹狼のような社員が集まっている。したがって、狼を束ねることのできる「人事管理、労務管理の専門家」であること

②輸入商社である以上、海外メーカーと丁々発止とわたりあえる実践英語力、もっと言えば「英語でケンカができる実力」を備えている人物であること

③英語力の他に、グローバルビジネスに関わった経験者であること

④輸入商社は国内市場・国内顧客を相手にしているため、海外経験はもとより、国内営業の経験もある幹部であること

この4条件をすべて満たせる本社の役員・幹部社員は、私しかいませんでした。

日本レーザーの新社長として、泥舟の舵取りを任されたのが、日本電子の最年少役員（50歳）だった私です。私が社長に選ばれたのは、

●組合の執行委員長を11年務めた経験があり、人事管理、労務管理ができる

●オイルショックによる経営悪化に際し、1000人規模、正社員の3分の1にも及ぶ

人員削減による企業再建の経験がある

●40歳でアメリカに出向し、グローバルなM&A案件など、海外ビジネスを経験している（実践的な英語力もある）

●アメリカ現地法人の経営危機に際し、支社の閉鎖、清算、解雇やその他の再建策を断行したことがある

●アメリカから帰国後、国内営業の立て直しに奔走した経験がある

といった理由からです。

労働組合の経験、企業再建のノウハウ、グローバルビジネスへの知見を持つ私が後任社長に選ばれたのは、ある意味、自然の流れだったのかもしれません。

しかし一方で、その背景には、大企業にありがちな社内政治の力学も働いていました。

労働争議や自主再建の旗頭として求心力を持つ私は、経営陣にとって一種の脅威だったのでしょう。また、労組の執行委員長から最年少で取締役に抜擢されたことに対する、嫉妬、ヤッカミといった、大企業によく見られる魑魅魍魎《ちみもうりょう》の世界も見え隠れします。私の不徳の致すところもあったと思います。

そして1994年5月、私は日本電子の役員を兼任しながら、日本レーザーの代表取締役社長に就任することになったのです。

25年連続黒字化の3つのポイント

① 経営が破綻する原因は一番に経営者自身にある

② 再建経営者の条件は、人事・労務の知識と経験、財務についての判断力、修羅場経験、最後に背水の陣で取り組む実行力を持つことが望ましい

③ 経営の悪化や破綻の原因を客観的に調査し、かつ社内の声を多方面から吸い上げて分析して、社内で危機感を共有する

4 いきなり再建を任される修羅場

赤字から再建するとき、リーダーが最初にやるべき「3つ」のこと

✷「調査・観察・ヒアリング」の3点セットで再建にあたる

幹部になった人が、ある日突然、関連企業の全再建を任されたとき、どうするか。
再建の全責任を託されたリーダーが、まずやるべきことは次の「3つ」です。

❶業界や当該企業を事前調査する

……レーザー専門の輸入商社のビジネスモデルを調査した結果、「自分の努力以上に、まわりの経済状況・経営環境に左右される不安定な業界」であることが判明しました。

レーザー専門の輸入商社は、海外メーカーの方針に100%依存しており、売れなけれ

ば代理店契約を切られて他の商社に持っていかれます。反対に売れすぎると、今度は海外メーカーが日本に現地法人（いわゆるジャパンKK）を設立して、直販に切り替えます。

また、円高になると仕入れコストは下がりますが、**顧客は投資に慎重**になるため、当社の受注は減少します。円安になると、**仕入れコスト**が上がって赤字のリスクが増大します。

事前調査をする際は、企業の財務諸表（最低3期分）や、税務申告書などの書類をチェックするだけでなく、**現地に出向いて実地調査する**ことが必要です。

私が日本レーザーの再建に成功したあとで、同業他社（2社）から買収、または社長派遣の要請を受けたことがあります（要するに、私に立て直してほしいということ）。相手企業の財務状況を調査したところ、いずれも銀行からの過大な借入金があり、現地訪問した結果、「再建は無理」と判断しました（その後、どちらの企業も破産）。

❷初出勤から1～2か月程度は、社内をじっくり観察する

……再建を託された事業モデルに精通していない場合（いわば、素人の場合）は、企業規模にもよりますが、**初出勤から1～2か月程度**はじっくり社内を観察すべきです。

戸外の明るい場所からトンネルや映画館などの暗い場所に入ると、真っ暗でしばらく何

も見えなくなります。経営再建もそれと同じで、「何も見えない状態」で動き回っても、つまずくだけです。再建を任された「雇われ社長」や、親から引き継いだ2代目社長がいきなり乱暴な再建に取り組むと、社員の総スカンを食らうことがあります。したがって、「じっくり観察」をしてから、対応策を検討することが大切です。

❸社員にヒアリングし、「4つの方針」を示す

……経営破綻には必ず原因があります。社員にヒアリングしながら、「何が問題なのか」「どこに原因があるのか」を突き止め、対策を練るのが**再建の基本**です。

社員の協力を得るには、「再建経営者としての理念、基本方針」「何のための再建なのか、どのように遂行するのか」を社員に明確に示さなければなりません。2か月間に及ぶ観察を経て、私は「**4つの方針**」を社員に説明しました。

①会社は、前年上期終了時点で債務超過になった。メインバンクはそれを理由に新規の融資をストップし、経営は行き詰まった。そこで、前社長、前会長の要請で、親会社は1億円の運転資金とともに、私を本社取締役兼務のまま派遣した（現状認識）

②経営悪化の原因は、バブル経済の崩壊による受注不振で、売上が以前の6割まで落ち込んだことだが、環境変化に対応できなかった経営陣と、危機感を持たないまま従来のやり方を変えなかった社員にも責任がある（社員にも責任）
③経営再建において、一般的にはリストラは避けられない。しかし、私は「雇用を守って再建」する。辞めたくない社員は辞めさせない。しかし、原因があって破綻したのだから、経営を抜本的に刷新する。その方針についてこられない場合は、辞めてもらってかまわない（雇用保証と辞める自由）
④全社の総合力を発揮するために、就業規則の変更など具体的な措置を講じる（就業規則の改定は以降毎年実施）

25年連続黒字化の3つのポイント

① 再建に取り組む前に、業界全体、ライバル会社、自社の財務状況などをしっかり調査、分析する。最初の2か月は、現状や破綻の原因を把握することに全力を上げる

② 社員にヒアリングしながら、「何が問題なのか」「どこに原因があるのか」を突き止める。中小企業の場合は、少なくとも正社員全員と、できれば非正規社員まで面接をすべき

③ 社員の協力を求めるために、経営トップは「この会社をどうしたいのか」という明確なビジョンを示す必要がある

5 トップダウンの修羅場

再建1年目は、トップダウンによる厳しい改革しかない

✸再建当初はトップダウンが正しい

会社を再建するときは、経営者の「トップダウン」が正しい選択です。

「社員の自主性に任せるレベル」はとても高度なので、そのレベルに達するまでは、経営者・幹部主導型で行います。

私も、最初の1年目は、トップダウンによる非常に厳しい措置を取りました（2年目以降の「モチベーションを上げる経営段階」では是正）。

●トップダウンによる5つの再建策

①勤務時間の是正
②直行直退の禁止
③全社朝礼の実施
④幹部会議の開催
⑤社内報の発行

❶勤務時間の是正

……日本レーザーの就業規則上の始業時刻は、午前8時30分、9時、9時30分の3パターンでした。これを全員、「**9時始業**」に統一しました。タイムカード制度を適用しない営業員も、直行以外はこの始業時刻を守らせました。

しかし、取引先の多くは8時30分が始業時間であり、取引先からの問合せに対応するため、その後は**始業時刻を**「**8時30分厳守**」に再度変更しました。こうした社員にとっての「不利益変更」は、トップの覚悟がなければ絶対にできません。

❷直行直退の禁止

……原則として、営業員の直行直退を禁止し、毎日始業時に「その日、その週のスケジュール」「行動目的の確認と共有」を徹底しました。顧客訪問をしたあとは会社に戻り、関係者との打合せ、会議、メーカーへの連絡などを行いました。ブラックボックスである営業活動の「見える化」が進むまでは、こうした一見不合理な改革も必要でした。

❸全社朝礼の実施

……**毎週月曜の朝には「全社朝礼」**を行って、社長の方針の徹底を図りました。また、他の役員からも現状を報告させました。

❹幹部会議の開催

……月に一度の取締役会の他に、毎週、取締役による**「幹部会議」**を開催することにしました。幹部会議の開催を決めたのは、ある特別仕様品の受注をめぐって、営業担当取締役と技術担当取締役が対立したことがきっかけです。

営業担当取締役が自慢げに、「受注不振のときに、こうした大型案件を受注することができたので会社に貢献した」とアピール。これに対して技術担当取締役は、「技術に相談しないで、技術陣が苦労する特殊な仕様の受注をしても困る」と反論。すると営業担当は、「誰のおかげでメシが食えていると思っているんだ？　技術陣に仕事を与えているのに文句を言うな！」と開き直ったのです。こうした役員間、幹部間の不協和音は、経営破綻の一因になりかねません。

❺社内報の発行

……「ＪＬＣニュース」という社内報を発行し、財務上のすべての情報を公開。営業成績（受注と売上と粗利益）の年計表は、全社、事業別、営業部・支店別、グループ別、個人別の実績のランキングまで**すべて公表**しました。

社員は、個人成績まで公表されるのを嫌がる傾向がありますが、商社では受注が事業の基本ですから、本人の自覚を促すためにも、数字の公表は大切です。

オーナー経営では、毎月の取締役会も形式的で、取締役会議事録も作成していない会社がほとんどです。また、社長は利益、現預金や借金の実態を公表したがりませんが、再建時では絶対に必要ですし、再建後も、社員のモチベーションアップには**情報公開・共有**が不可欠です。

社員の多様性、多様な価値観の尊重、個々に向き合った人事といった後年の日本レーザーの経営手法は、破綻した経営再建時には通用しません。**〝狼の集団〟のような再建当初の段階では、トップダウンでやるのが王道**です。

25年連続黒字化の3つのポイント

① 自社の現在のステージに応じたマネジメント手法を用いる。再建の初期段階では、ボトムアップではなく、トップダウンが必要

② 財務情報は、社員にも公開。全社朝礼、全社会議、社内報で説明する

③ 人のせいにする「他責」の傾向がある社員は、有能でも幹部にしない。役員間の不協和音が発生したときこそ、社長のリーダーシップが問われる

6 債務超過の修羅場

「1億8000万円」の累積赤字を2年で一掃！不可能を可能にした4つの秘策

✸先に「P／L」、次に「B／S」

経営の結果は、Ｂ／Ｓ（貸借対照表）とＰ／Ｌ（損益計算書）の２つに表れます。

●B／S（バランスシート）
……貸借対照表。資産・負債・資本を一覧表にして、会社の財務状況を表す決算書。

●P／L（プロフィット・ロス）
……損益計算書。ある一定期間にどれだけの利益を生み出すことができたかを表す決算書。

会社を立て直すには、**「先にP／L、次にB／S」**の順で改善に取り組みます。

トップダウンによる再建策は、短期決戦が肝要です（2〜3年が勝負）。長引けば社員の意欲も継続しません。〝再建疲れ〟が溜まるからです。

そうならないためには、**まず、「目に見える形」で再建努力が実を結んだことを示す**必要があります。最初にP／Lの改善に手をつけ、**「累積赤字を一掃して配当を復活する」**ことが先決です。

P／L改善の心構えは、**「入《い》るを量《はか》りて出《い》ずるを制《せい》す」**です（収入を正確に計算してから、それに釣り合った支出の計画を立てる）。つまり、P／Lをよくするには、

「売上高を伸ばす」
「経費を削減する」

の2本柱で行います。

✸経営再建を引き寄せた4つの策

赤字を垂れ流していた日本レーザーを再建するには、財務体質の改善が急務でした。

私が掲げた改善秘策は次の「4つ」です。

①全従業員の雇用を守る
②人事評価制度を刷新し、従業員の既得権に切り込む
③売上とともに粗利益を重視する
④新規顧客を開拓する

❶全従業員の雇用を守る

前述したように、日本電子時代の私の仕事をひと言で表すと、「雇用を犠牲にして企業の存続を図ること」です。

労働組合の執行委員長として、国内で1000人以上のリストラに関わり、渡米したあとも、ニュージャージー支社の閉鎖やボストンアメリカ法人本社でのダウンサイジングなど、100人以上のアメリカ人の雇用を犠牲にしてきました。

やむをえなかったとはいえ、多くの人たちが会社を去っていった事実は、今も消えることのない心の痛みとして、私の記憶の中に残っています。

だからこそ私は、企業再建を経験する中で、

- 「安定的な雇用確保こそ、経営者の役割である」
- 「雇用を守ることが、結果的に会社を守ることになる」
- 「人間こそが企業の成長の原動力である」

という考えに至りました。会社を再建するうえで、最も必要なのは、**社員のモチベーション**です。そして、社員のモチベーションの安定と向上には、「雇用不安を解消する」ことが最善の策です。そこで私は、

「私の方針に賛同できなければ辞めてもらってもかまわない。しかし、私が社長である限り、**絶対に解雇はしない。生涯雇用が私の理念**だ」

と宣言しました。

「雇用を守れない企業は、社会的に存在意義がない」

今でもその考えは変わりません。

❷人事評価制度を刷新し、従業員の既得権に切り込む

それまでの日本レーザーの人事制度は、親会社と同様の日本的雇用制度でした。すなわち、親会社／子会社、日本人／外国人、正社員／非正規社員、男性／女性等の「身分」に基づく日本的雇用制度です。多くの企業が現在も日本的雇用制度を採用しています。

しかし、この制度では、当社のように小さくともグローバル事業を担う人財を活用できません。そこで私は、**自分が親会社でつくったすべての人事制度の破壊と革新**を行いました。

家族手当や住宅手当、定期昇給を廃止するなど、従業員の「既得権」に切り込んだのです。

同時に、年功序列型の退職金制度を刷新し、給与や賞与についても、**実績に連動する仕組み**に変えました（ただし、本給のカットや降格人事はしない仕組み）。

人事評価制度の考え方は、次の「3つ」です（人事評価制度の詳細は、拙著『社員を「大切にする」から黒字になる。「甘い」から赤字になる』をご覧ください）。

- **能力主義**……仕事に必要な基本的な能力と、各職種に必要な実務能力を評価
- **業績主義**……数字で見える成果（受注額や粗利益額など）と、その数字を上げるため

の努力を評価

● **理念主義**……当社の人財としてふさわしい行動をしているか否かを評価

③売上とともに粗利益を重視する

財務体質を改善するため、売上主義を改めて、**粗利益重視**の管理体制に転換しました。売上実績を評価基準にすると、営業員は「値引き」に頼ってしまいがちです。

メーカーの場合は、値引きをしても売上が上がれば（受注が増えれば）、工場の稼働率は上がります。そして、工場の稼働率が上がれば原価率が下がるので、利益が残ります。

安倍首相が提言した「同一労働同一賃金」は、この「身分制度」を徹底的に破壊しない限り実現できません。その先は、「徹底した成果主義」と「金銭補償解雇制度」の導入になります。

解雇をしやすくするこうした制度を防ぐには、当社で試行錯誤して到達した**〝進化した日本的経営〟**しかありえません。日本レーザーでは、**すでに「身分制度」を廃止**しました。そのうえで、誰にとってもセーフティネットである**「生涯雇用」**を進めており、実力と貢献度に基づく人事制度を実現しました。労働組合が本音では「同一労働同一賃金」に反対するのは、「正社員優遇」という「身分制度」を維持したいからです。これを打破するには、**経営者も血みどろの取り組みを覚悟**しなければなりません。

日本レーザーはレーザー専門の輸入商社ですから、そもそも粗利益率は高くありません。安易な値引きで売上を確保しても、粗利益率が低くなれば、**崖に向かって突っ走っているのと同じ**です。経費以上の粗利益を稼がなければ、赤字はいつまで経っても改善されません。

❹新規顧客を開拓する

海外メーカーが製造したレーザーを輸入して、日本企業や大学、官公庁、研究機関に販売するのが、レーザー専門の輸入商社の基本的なビジネスモデルです。

ですが、契約が一方的に切られてしまうことがあるため、既存顧客のみに依存するのは、リスクが高い。したがって、新規顧客の開拓は不可欠です。

日本レーザーは自社品（自社製開発のカスタム品）を提供できる技術力を有していたため、同業他社と一線を画した新規顧客開拓が可能でした。1994年には、大手光学機器メーカーから大型案件（自社製品の光ディスクマスタリング装置）を獲得します。

受注額は2億2000万円で、自社製品のため粗利益額は1億円以上。この契約がなかったら、黒字化への道筋は見えなかったでしょう。

✸一見、損な決定が幸運を招く？ 就任2年で累積赤字を一掃

社長就任1年目（1994年度）は、トップダウンで受注・売上ともに前年度より約20％伸ばし、さらに経費もカットするなどして、**約2000万円の黒字に転換**。

経費削減にあたっては、国内最大のレーザー展示会「インターオプト」への出展を取りやめるなど、広告宣伝費、旅費交通費、人件費など、統制できる経費を大幅に削減しました。

しかし大幅な経費削減は、**副作用**を生みました。人件費を削減すれば、それを不満とする人は会社を去ります。また、主要展示会への出展を取りやめた結果、「日本レーザーは危ないのではないか」と業績不安説が業界に流れました。

それでも私は、強い決意を持って、トップダウンによる計画を進めたのです。

私は親会社の取締役を兼務したまま日本レーザーの社長に就任して再建にあたっていた

図3 日本レーザーの受注・売上・受注残の推移（1983〜2018年度）

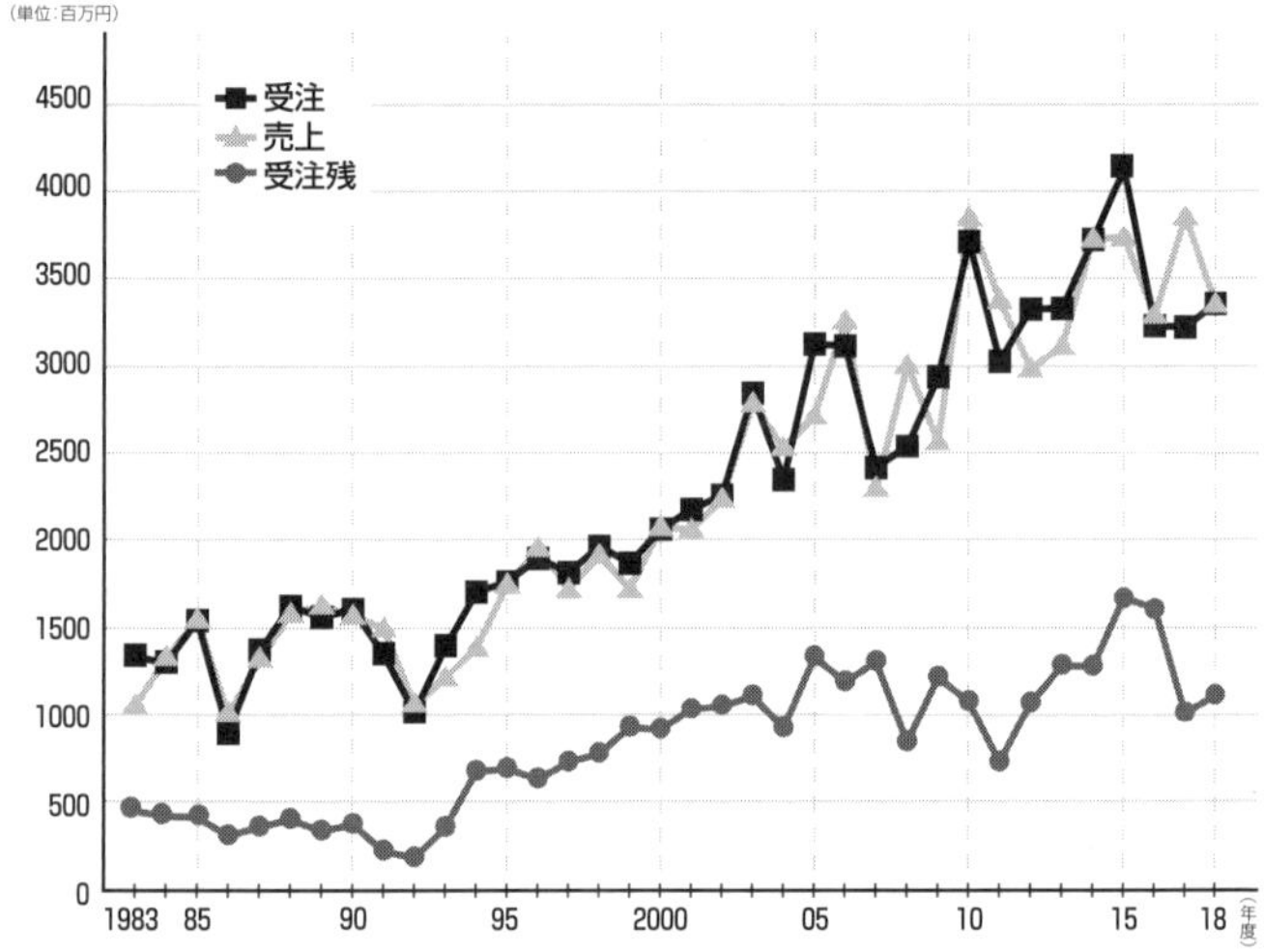

のですが、当初は「再建に成功すれば本社に復帰しよう」と考えていました。

ところが、1年目に黒字化できたことで、社内から不協和音が聞こえてきました。

「近藤の勲章のために俺たちが苦労するのか」

「なんとしても再建する」と言っておきながら、一方では「再建後、本社に戻れる可能性も残しておきたい」という私の葛藤を社員に見抜かれていたのです。これでは、社員の自主的な再建へのモチベーションは上がりません。

「このままでは再建はできない」

葛藤のあとで、3期6年務めた日本電子の取締役を6月で退任することを決意し、2年目以降、日本レーザーの社長に専念することにしたのです。

すると、幸運にも円高になり始め、仕入れコストが下がりました。1994年に1ドル＝100円だったのが、1995年4月には1ドル＝79円75銭と当時の史上最高値を記録。2億円を超える自社製品の成功もあって、1995年度はさらに受注・売上高を伸ばしました。破綻した1993年度に比べ、2年間で受注は26％、売上は42％伸ばし、ついに**累積赤字を一掃**することができたのです。この時点で一番大きかったのは、多くの葛藤を経て私が本社取締役を退任したことです。それが円高を引き寄せ、2億円超の自社製品の受注・売上につながりました。一見損に見える選択が、幸運を引き寄せたのです。

P／L上の「目に見える赤字」がなくならなければ、配当金を出すことはできません。無配が続けば、社員の士気も低下する。そこでまず、累積赤字を一掃して復配に全力を上げました。

その後、不良在庫、不良債権の除却を本格化した結果、4期目となる1997年度には、**B／S上でも健全化を果たし、完全に再建**を果たしたのです。

25年連続黒字化の3つのポイント

① 会社再建は「先にP／L、次にB／S」の順。P／L改善の2本柱は「売上アップ」と「経費削減」

② 売上重視から粗利益重視に転換する。経費以上の粗利益を稼がなければお金は増えない

③ 会社を再建するうえで最も必要なのは、従業員のモチベーション。赤字を理由に人を切ってはいけない

7 全社員反対の修羅場

「資本の論理」で子会社の役員・社員全員の反対を押し切る

✸ 重要な決定は、「資本の論理」で押し切ることも大切

親会社の日本電子は、円高の影響で海外への輸出事業で利益を上げることが難しくなったため、円高を相殺すべく、１９８９年から「レーザー回折粒子計測装置」の輸入事業を始めました（１９８４年に設立されたドイツのシンパテック社から装置を輸入）。

ところが赤字が続き、親会社はこう考えました。

「近藤が日本レーザーの社長に就任した。近藤に引き受けてもらおう」

再建１年目の１９９４年の秋、本社の会長に呼ばれて、こう言われました。

「輸入事業が赤字で困っている。日本レーザーでこの事業を引き受けてほしい。すべて移管する。10人いる担当者も日本レーザーに出向させたい」

当時の私は日本電子の取締役を兼務していましたから、会長の意向に反対することはできません。ただし、10人は多すぎるので、営業、デモ販促、技術サービスの3人の出向を受け入れることにしました。

しかし、ここからが**修羅場**でした。

日本レーザーの役員会にかけて了承を得ようとしたら、**全員が反対**。さらに、全社会議でも猛反発。全社員を巻き込んだ大騒動に発展したのです。

「なんで親会社の赤字事業の尻ぬぐいをしなければならないんだ！　レーザーといっても、うちとは応用分野や市場はまったく違う。相乗効果なんか期待できるわけがない！」

その後、社員の信頼が厚かった**生えぬきの常務が社員の「連判状」を持って、「この方針に反対する！」と宣言**しました。

しかし、私は怯《ひる》まなかった。社長として次のように断言したのです。

「これは、日本ではどの会社もまだ持っていないレーザー回折を応用した画期的な製品だ。

赤字になっているのは、製品に問題があるからではなく、人員が多すぎるからにすぎない。私は、戦略上の新規事業として、この製品を導入したいと思う。反対ならば、株主の総意を聞いてみよう。株主の80％は賛成だ（親会社が70％＋社長が10％）。営業員、デモ販促員、技術サービス員の３人を出向で受け入れ、マネジャーは大山君にやってもらおうと思う。私の考えに反対ならば、全員辞めてもらってもかまわない」

私が日本レーザーの社長に就任して以来、**これだけ迫力を持って社員の言い分を突っぱねたのは、この一件だけ**です。

この事業は、翌年1月1日付で当社に全面移管されました。それから25年、今や出向者はゼロで、**「年商2億円」の当社の主要事業のひとつに成長**しています。

サービスを除く累計売上高も50億円。シンパテック社の海外販売はすべて直販の現地法人になっていますが、日本だけは当社の代理店販売です。

この事業がなければ、当社のシステム事業はとっくに崩壊していました。経営者の戦略上のミスは、社員のモチベーションではカバーできないといわれますが、まさにこの件は、社長の決定が利益を生み出した事例です。**ビジネスモデルと経営戦略の構築は経営者の責**

任です。重要な決定は、いざとなれば「資本の論理」で押し切る強さも必要です。
ただし、親会社や大株主の意向だけでなく、社長自身がその決定を信じて、あくまでも自主判断で取り組むべきです。

25年連続黒字化の3つのポイント

① 社員全員が反対しても、再建上、絶対に必要な戦略であれば実行
② 重要な決定は、資本の論理で押し切ることも必要
③ 親会社や大株主の意向だけでなく、社長自身がその決定を信じる。そうでなければ、うまくいかなかったときに他責になるから要注意

修羅場社長のコラム

初公開！日々修羅場で戦う「スケジュール帳」

修羅場で戦う経営者にとって、スケジュール管理と仕事の優先順位づけは非常に重要です。

ここでは、私の**「システム手帳の使い方」**を紹介しましょう。

1 左ページ：「やるべきこと」と「行動予定」を記入

私は、**「フランクリン・プランナー」のシステム手帳**を使っています。

左ページの右半分は、**5：00から25：00（午前1時）**まで、「30分刻み」で予定を記入できる予定欄です。

左半分の上部は、少し先の「やるべき事項」を記しておきます。左半分の下部には、その日のやるべきことを書きます。一般には、優先事項を決めてA、B、Cとマークしますが、私

図4｜「フランクリン・プランナー」のスケジュール帳

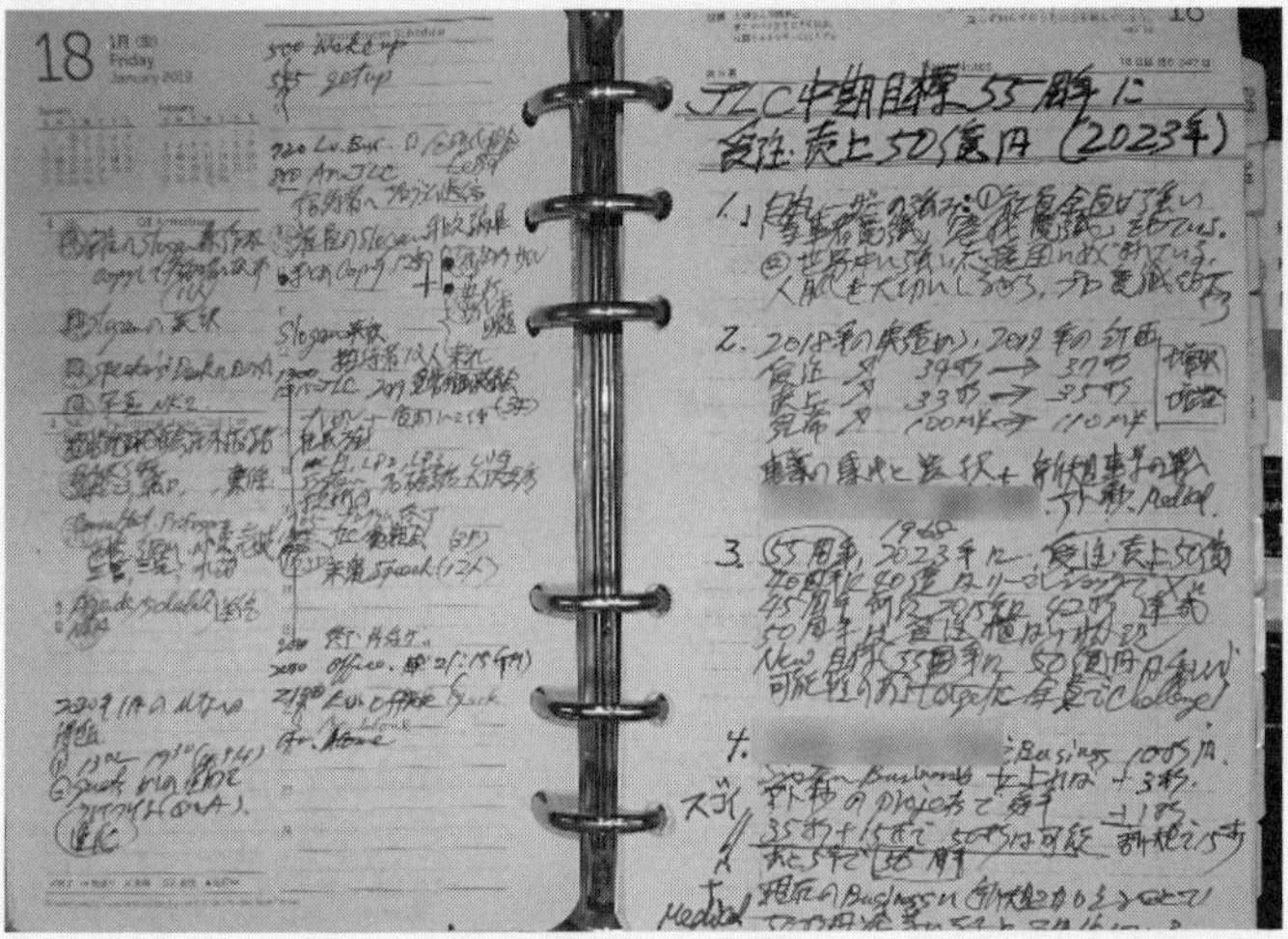

の場合は**「その日にやるべきこと」を、5：00から25：00の予定欄にどんどん書き入れ**ています。重要度を認識していても、いつそれをやるかを決めておかなければ、いつまで経っても手がつけられないからです。

2 予定欄は4色の〝消えるボールペン〟で記入

予定しても実行できない場合や、予定が変わることもあるため、**消えるボールペン**を使って記入します。予定は、内容によって色分けしています。

青：自社の仕事、業務に関連したことは、**社内でも社外でも青色**で記入

黒：社外活動、交際、行事、講演、取材などは黒色で記入
緑：個人、友人、家庭など、プライベートな活動は緑色で記入
赤：非常に重要な事項で、大きな問題となる事項は赤色で記入。他の色で記入したあと、**赤でマーク**することもある

3 右ページ：日誌・ノート欄で、その日の記録や思考を書き留める

あらかじめ、右ページ上の3分の1のスペースに重要会議、顧客・取引先訪問、行事等の準備のためのメモを記入します。たとえば、目的、課題、結果として達成・実現したい内容などです。

会議、訪問、行事などが終わったあとで、残りの3分の2のスペースに、結果・成果などを記録しておきます。

最後に上部のスペースに「タイトル」を記入。そのタイトルが月末にまとめて書くインデックス（今月記録した項目の索引）となり、後日、必要な情報を引き出すことができます。

このように、自分の行動予定と成果を記録しておくと、限られた時間を有意義に生き、日々の人生を無駄にしなくなります。**手帳ひとつでも、人生を充実させることができる**のです。

予定（時間の流れ）と思考（ある定点での思考）をミックスして記入していくことで、個人の不安がなくなり、人生を生きている喜びや満足感を得られます。

激動する環境や修羅場での理不尽な体験に見舞われても、自分を見失わず、心の安定を維持しつつ対処できたのは、**システム手帳に「何をすべきか」を明確に書き留めておいた**からです。

40歳でボストンに赴任したときに、「デイ・タイマー」というシステム手帳を使い始め、帰国後に今の「フランクリン・プランナー」に替えていますが、35年間はこのシステム手帳とともに歩んできており、まさにビジネス人生の伴侶ともいえる存在です。

8 不良在庫の修羅場

1000万円以上が行方不明！ 棚卸し経験ゼロの会社をどう再建する？

✸不良在庫の除却は、利益を出してから

私が社長に就任後、出社してすぐに気がついたのは、製品や部品がゴロゴロあったことです。

「在庫管理は一体どうなっているのですか」と担当者に聞くと、**「棚卸しをしたことがない」**という返事でした。

「たくさん仕入れたほうが原価率は下がるから、何であれ、多めに仕入れておこう」と在庫を抱えたものの、社内の至るところに、電源（ヘリウム・ネオンレーザーの自社製品生産のために電源をまとめ買い。一台数十万円）やレーザー機器がありました。

棚卸しの目的は、「台帳（財務データ）に記載されているが、現物がないもの」「台帳にあり、現物もあるが、販売できないもの」が、どのくらいあるかをチェックすることです。

初めて棚卸しをしたとき、なんと「**1000万円以上」の製品が行方不明**でした。

なぜ、そうなったかを追及すると、原価を引き当てない（在庫から引き落とさない）で売上計上し、利益を出していたのです。**これは明らかに不正な経理です。**

前社長最後の決算となった1994年3月期でも、原価を引き当てないで損失を少なくした例がありました。

また、在庫表にある現物を修理やサービスに勝手に持ち出して転用し、それをコスト計上していないこともありました。本来、有償でやるべきものを無償で修理したり、利益のために原価計上しなかったりといったメチャクチャな放漫経営、管理不在の結果が棚卸しで露呈したのです。こうした例は、その後棚卸しをするたびに見つかり、その都度、段階的に除却していきました。

在庫は、棚卸資産（販売または加工を目的として保有する資産。棚卸しによって価額が評価される）として、会社の資産になります。B／S上では、資産として計上されるのですが、**現金ではないため、キャッシュフロー（現金収支）は悪化**します。

現金を持っていれば、「新しい商品を仕入れて販売する」など、流動性の高い運用ができますが、在庫として資本を固定化してしまうと、資金を運用できません。

✸在庫を増やさない6つの方法とは？

キャッシュフローを増加させるには、**過剰な在庫を減らす**ことが急務です。そこで、不良在庫を除却する（**評価損、廃棄損として計上**する）必要がありました。

棚卸資産の評価損・廃棄損を計上すると、管理コストの削減と税金の減少につながります。しかし一方で、P／L上の利益は減ります。したがって、不良在庫を処分するには、あらかじめ「**本業の利益を出しておく**」ことが前提です。

日本レーザーの場合、私の社長就任後、2年でP／L上の再建が完了していますが、その後、B／S上の問題をクリアするのに、さらに2年かかっています。1997年3月期（1996年度）と、1998年3月期（1997年度）で経常利益、当期利益がともに少なくなったのは、不良在庫を原価で落として除却をしているからです（↓32ページ）。

B／Sを重視することは、P／Lを犠牲にすることでもあります。

不良在庫を処分（除却）して1995年度には累積赤字を一掃しましたが、1996年度、1997年度の経常利益は、P／Lの改善を優先していた過去2年度の**半分以下**です。経常利益、当期利益ともに減ったのは、「2年間、不良在庫を原価処理して落とし、不良設備を除去して特別損失処理をした結果」です。

棚卸しをしても、毎年、除却する在庫は発生するものです。その後も不良在庫は発生しましたが、毎年の棚卸しで常に健全化に努め、売れるものだけを在庫に計上しておくように心がけています。

●在庫を増やさない6つの方法

①定期的に棚卸しをして、在庫状況を正確に把握しておく

②「原価率を下げることになる」からといっても、まとめ買いはなるべくしない

③販売促進用のデモ機などは、設備化して、減価償却をしていく

④在庫品が売れなくなる前に、値引きキャンペーンをして売り切る

⑤不良在庫は利益を削って除却処分する。その分、利益が減少するのを見込んでおく

⑥「帳簿には計上されているが、現物がない」といったずさんな管理をしない

✸経営は少しくらい大雑把でいい

1998年度に、不良在庫の除却はおおむね完了しましたが、それ以降も、棚卸しのたびに「帳簿と実在庫が合わない事態」が発生しました。金額として50万～60万円のロスが続いたのです。

数字が合わない原因のひとつは、「デモ機の持ち出し（貸し出し）」にありました。たとえば、お客様から修理の依頼があったときに、代替機としてデモ機を持ち出す（デモ機の部品を持ち出す）。あるいは、展示会があるときに、デモ機を持ち出す。けれど、持ち出しの履歴が残っていなかったため、「いつ、誰が、何を貸し出したのか」「いつ戻ってきたのか」が明確になっていませんでした（貸出機器を販売したにもかかわらず、報告がなかったこともありました）。

デモ機の持ち出しを管理する方法として、社員のひとりから、次のような提案がありました。

「近藤さん、パートをひとり雇用したらどうですか？　デモ機が置いてある1階の部屋の門番として、社員の出入りをチェックさせればいい」

しかし、私は彼の案を却下しました。理由は2つです。

●「社員の出入りをチェックする」という仕事を与えても、パートのモチベーションは上がらない（モチベーションの上がらない仕事をさせてはいけない）

●パートに支払う給料がロス金額を上回る（パートに100万円支払い、50万〜60万円のロスがなくなっても、結果的に40万円のマイナスになる）

そこで私は、「**最初から、60万円のロスがあるもの**」と考えることにしました。私が「**経営は、少しくらい、大雑把でいい**」と発言すると、社員の多くは呆気にとられていましたが（笑）、ここまでバカバカしいことを言わないと社員の意識は変わりません。

体質を変えるには時間がかかります。その後、親会社で生産管理を担当していた社員が定年再雇用で入社。棚卸担当役員の執念もあり、日本レーザーの在庫管理は正常になりました。

現在、当社の管理部門は、経理課長と総務課長、さらに両方の仕事ができる管理部長の3人しか置いていませんし、営業担当者も基本的には自主規律、自主管理に任せているので、少数精鋭化に徹しています。

25年連続黒字化の3つのポイント

① まとめて購入すると1台当たりの原価は下がり、販売した場合の粗利益は多くなる。しかし、長年在庫が売れなければ競争力を失って、結局は不良在庫として除却しなければならず損失が発生する。こうした仕組みを営業員が理解したうえで対応する

② 目先の原価低減に惑わされない

③ 必要なものを必要なだけ購入する(不良在庫は適宜処分する)

9 先払いの資金ショートの修羅場

常に「先払い」の資金ショートの恐怖とどう立ち向かうか

どうして売掛金が増えてしまうのか？

売掛金は、なぜ増えてしまうのでしょうか？

売上を計上してから、その入金があるまでには時間差があります。その間の売掛金は正常なものです。年度末には売上が多いので、その後数か月は売掛金が増大します。

この場合は、受注時に支払条件をきちんとチェックし、売掛金が長期にならないように管理します。無理な営業をすると、長期滞留売掛金（不良債権）が増えてしまいます。

問題は、「買う気のない顧客」に対して、「ぜひ、使ってみてください」と言って製品を置いてくるノルマに追われた営業員や、「予算がついたときに払うから」と、とりあえず注文を出す顧客です。

こうしたケースでは、いつまで経っても入金がないため、「長期滞留売掛金」になります。回収ができないと判断すれば、利益を削って有税償却するしかありません。

当社でも、いつまでも入金がなく、監査法人から償却するように求められることがありました（一番大きい一件当たりの売掛金でも約８００万円であり、大半は少額不良債権だったので、利益状況を見ながら適宜償却）。

なかには、償却した翌年に「予算がついた」と言われて支払われたこともあります。有税償却処理後に入金があると、「特別利益」となりますが、改めて課税対象にはなりません。

当社のビジネスモデルでは、**在庫と売掛金はお金が寝ている状態**なので、その合計金額より、有利子負債が少なければ少ないほど健全のバロメーターとなります。

✹「支払いが先、入金はあと」の過酷なビジネスモデル

通常、レーザー専門の輸入商社のビジネスでは、販売代金を受け取るよりも前に支払いが生じます。

海外メーカーから装置を輸入して日本で販売する場合、「支払いが先、入金はあと（納入先からの入金がなくても、仕入先に支払わなければならない）」になります。したがって、入金までの期間が長く、その間に経費の支払いばかり発生すれば、手許資金が少なくなって、経営体質が悪化します。

基本的に、海外メーカーとの取引は、インボイス（請求書／輸出者と輸入者の間で取り交わされた商業取引を示す書類）を受け取ってから、**「30日以内」**に支払うのが原則です。たとえば、仕入先から送られてきたインボイスの日付が4月1日なら、4月30日までに支払いをすませなければなりません。ところが、納入先からの入金は、性能確認や検収《けんしゅう》（仕様どおりの装置に仕上がっているかの確認作業）を終えてからです。

カタログビジネス（顧客に商品のカタログを送付して注文を受ける販売方式）であれば、製品を出荷した時点で売上になります。

しかし、大がかりなシステムの設計・開発・納入となると、既存モデルの販売とは異なるため、時間がかかります。検収には、長ければ数か月かかるでしょう。キャッシュアウト（支払い）とキャッシュイン（入金）のタイムラグが大きければ、資金ショートを起こしかねないわけです。

レーザー専門の輸入商社は、「支払いが先、入金はあと」という意味で、未来に先行投資をするビジネスモデルです。

ある研究機関から、「レーザー装置の開発」を受注したときのことです。予算は8億円。私たちは、レーザー装置の開発をフランスの「A社」に委託しました。

発注時にまず1億5000万円を送金。その後レーザーが完成するまでの1年半に3回、合計で4回、**6億円をメーカーからの出荷前に前払い**しました。納入後の支払いが1億円で合計7億円が純コストです。一方、研究機関は先払いではないため、検収を終えてからの入金です。A社に対する支払いの原資は、すべて自己資金でした。

A社に「6億円の先払い」をしても資金ショートしなかったのは、日本レーザーがB／Sの改善に努め、**「キャッシュ（現預金）を持っていた」**からです。キャッシュに余力がなければ、未来に投資することは不可能。こうした海外に開発を委託する案件の受注ができるレーザー専門の輸入商社は、当社を含めて国内に2社程度しかありません。

✸山ほどあった不良債権を処理

検収を待たず、発注先や納品先が倒産する（あるいは、契約を履行しない）可能性もゼロではありません。

当時の日本レーザーで「山ほど」あったのは、**納入先が支払いを拒否するケース**です。当社の営業担当者は「売った」つもりでいても、先方は「いや、買っていない。『使ってみてください』と言われたから**預かっているだけだ**」と言い張る。資金を回収できないため、不良債権は膨らむ一方です。売掛金が回収できない、あるいは回収サイトが長くなっている取引先は、数十社に及んでいました。

私が社長に就任する前、ある大学の研究室に可視化レーザーシステムを販売したことがありました。ところが一向に代金が支払われず、私が社長になってからも、**800万円が「売掛金」**のままになっていたのです。

私が大学に出向いて教授に面会を申し込むと、教授はこう言いました。

図5 | 日本レーザーの在庫・売掛金・有利子負債の推移（1994〜2018年度）

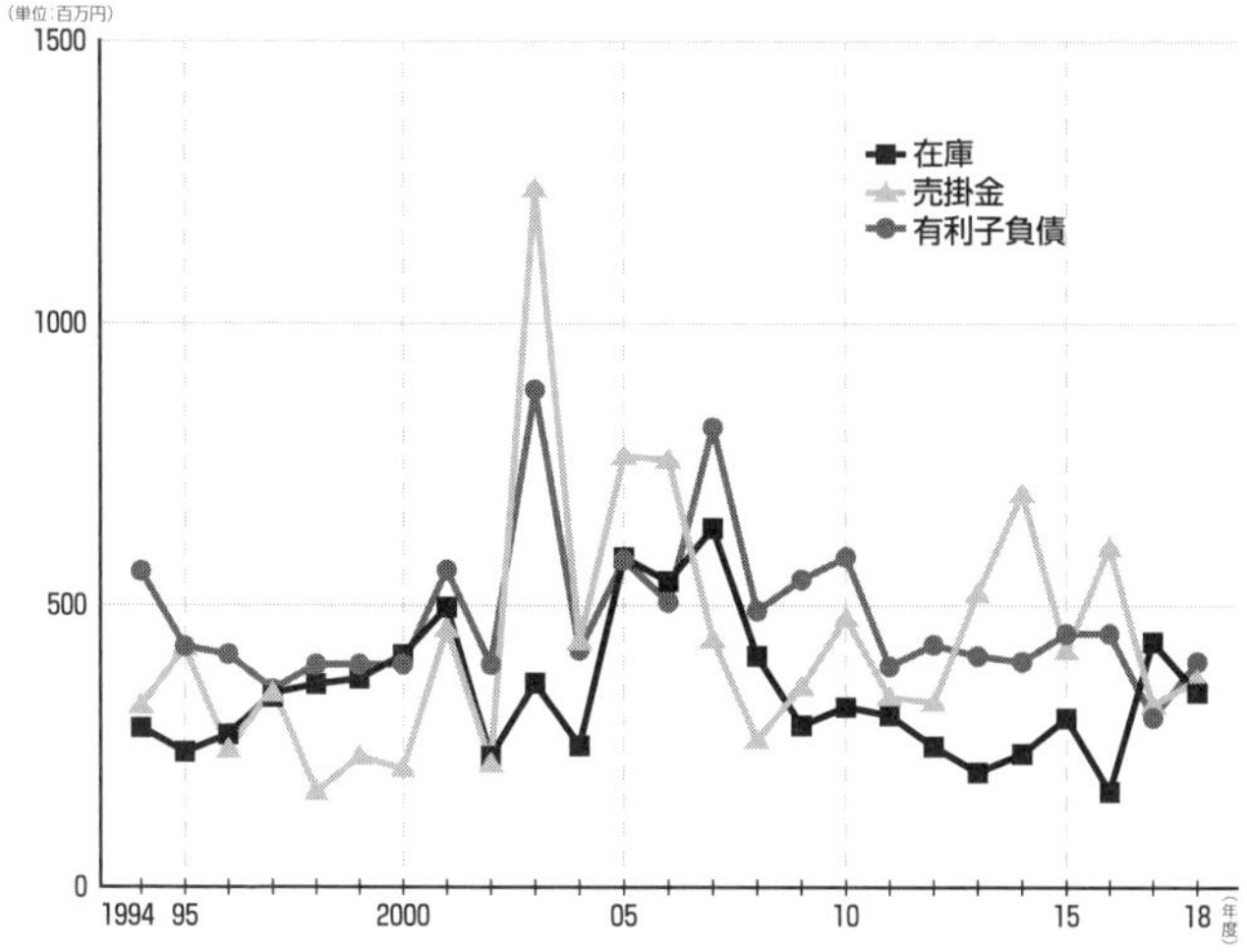

「予算がついたら払います。これこれこうすれば予算は必ずつくので、もうしばらく待ってほしい」

要するに教授は、「予算がついたから発注した」のではなく、「発注したあとで、予算をつければいい」と甘く見ていたのです。結局、予算はつかず、不良債権として処理することになりました。

回収不能に陥った売掛金などの不良債権は、「貸倒損失」（売掛金・貸付金などの金銭債権が回収できなくなった債権者の損失を表す勘定科目）による損金処理を行いました。**回収できないことが確定した金額を損金に算入すると、利益が減ります**。

✸外部の人も大切にする

私たちがレーザーを販売するとき、日本レーザーと購入者の間に、ローカルディーラーと呼ばれる中間業者が入ることもあります。

購入代金は、「購入者→ローカルディーラー→日本レーザー(ローカルディーラーはマージンを引いた額を日本レーザーに支払う)」の順に支払われるため、仮にローカルディーラーが破綻すると、当社は代金を回収できなくなります。

今から10年ほど前に、ローカルディーラーのA社が倒産し、日本レーザーは、**500万円の損失**を被りました。A社の社長(B氏)は自己破産を余儀なくされましたが、B氏から次のような申し出がありました。

「500万円分、仕事をさせていただけませんか?」

B氏を見限ってしまうと、一銭も入ってきません。そこでB氏と「新規契約を決めてきたら、一契約につき50万円のインセンティブをB氏に支払う。そして、その50万円を日本レーザーへの返済に充てる」という取り決めをしました。

実質的には「行ってこい」なのでタダ働きになるわけですが、B氏は「それでお願いしたい」と言う。するとB氏はもともと実力があったので、2年足らずで10件の新規契約を決めてきたのです。

B氏からは資金を回収できましたが、私は「ローカルディーラーから資金を回収できなかった責任は、日本レーザーにもある」と考えています。「信用調査を怠《おこた》った」「見極めが甘かった」など、自社に「**スキ**」があったからです。

日本レーザーは「人を大切にする」ことで業績を伸ばしてきた会社です。その「人」とは、社員のみならず、「**外部の人**」も含まれます。もしあのとき、B氏との関係を断ち切っていたら、B氏は生きがい、やりがいを失い、立ち直ることはできなかったと思います。

日本レーザーに関わる「すべての人」を大切にする。これが私の経営哲学です。

25年連続黒字化の3つのポイント

① 営業員は、販促活動や受注には努力するが、回収には関心がない場合が多い。回収まで行った時点で初めて「一件の受注が完了した」と認識するように指導する。回収不能のケースが発生したら、原因と責任を明らかにする

② 売掛金の回収ができないと判断した場合は、利益を削って有税償却する

③ 全社員を対象に財務教育をする。当社ではかつて社長自身が教育していたが、今は女性の経理課長が月一回、財務状況について詳しく説明や指導をしている

修羅場社長のコラム

私の痛恨のミス！採用の失敗は、お金と時間の損失

企業再建は、常に、**人とお金の問題**に行き当たります。企業が破綻状態になると、「不良人材」が多くなります。

日本レーザーの業績が極度に悪化した「1992年後半から私が社長に就任するまでの1年半」と「就任後の1年半」、合計3年足らずの間に、**社員三十数名の会社で「50人が退職し、50人が入社」**しています。

要するに、採用しても、すぐに退職してしまうのです。

社員がどんどん辞めるため、その補充をしなければなりませんが、求人費用はかけられないので、ハローワークに頼るしかありません。応募してきたのは、リストラに遭った高齢者、マタハラ（マタニティハラスメント）で会社を辞めた女性、外国人留学生、海外留学・遊学からの帰国者などでした。

彼らを採用したことによって、日本レーザーは、結果的に労務構成がダイバーシティになったのです。

日本レーザーは、現在もハローワークを窓口に優秀な人材、とくに女性を通年採用していますが、最初から採用が成功したわけではありません。

あるとき、一流大学卒の独身女性がパートに応募してきました。3か月の契約で採用し、可もなく不可もなく勤めあげたので、さらに3か月の契約延長をしました。

ところがこれが**失敗**でした。他の社員との挨拶や交流もなく、仲間意識もない行動が見受けられるようになったため、2度目の契約更新はしないことに決めました。

そのことを伝えたとたん、彼女は血相を変え、突然、社内に響き渡るような大声をあげたのです。

「なんでクビにするんだ？　なんでクビになるんだ？　まだ契約を一回更新しただけじゃないか！　冗談じゃないよ！」

他の社員も、「何が起きたのか！」と仕事を中断する騒ぎになりました。

私は断固として、「そうした態度が当社にふさわしくないので、更新しません」と突っぱねました。一応、それでケリがついたのですが、後味の悪い結末でした。採用した私の**失敗**です。

また、その後、調達・在庫管理の事務員として採用した女性も、問題を残しました。

明るく元気がよく、対人関係は悪くありません。しかし、仕事に緻密さがなく、在庫管理や部品の引き当て業務でのミスが目立ちました。

あるとき、地方の実家に帰っていた彼女から突然、会社に電話がありました。

「会社を辞めることにしたから、会社の机に入っている私物を宅配便で送り返してほしい」

それを聞いて、「本当に冗談じゃないよ!」と言いたいくらいでした。

上司に相談もなく、会社に挨拶もなく、退職の手続きもしないで辞めていった例はこの一例だけです。他にはありません。

非常識極まりない辞め方だと思いますが、これも、彼女の資質を見抜けなかった私の**判断ミス**です。「明るい性格で、対人関係は問題ない」と判断したものの、事務処理能力や、緻密さをチェックしないままに採用を決めてしまったことに原因があります。

こうしたこともあり、その後の採用にあたっては、面接、作文、適性心理テストなどを複合的に行うようにしています。その結果、現在では当社の風土や理念に合った人財を採用できており、転職者を含めて社員の離職率は非常に低くなっています。

非常識な社員を間違って採用してしまうと、お金の無駄遣いになります。とくに、当社のように「生涯雇用」を方針にしている以上は、**「採用は命がけ」**で行うことが大切です。

10

円高・円安「為替変動」の修羅場

たった1年で「4億円」コストアップ！赤字目前の危機をどう乗り越えたか

✷為替相場の影響に動じない強い財務体質をつくる

当社のような小さなグローバル企業は、**為替相場の影響**をもろに受けます。

社長就任2期目の1995年4月には円高が急速に進んで、1ドル＝79円75銭を記録。円高による為替差益で赤字を一掃することができたのですが、その後、95年の主要国による「円売り・ドル買い協調介入」をきっかけに、円相場は円安に向かいます。

そして、アジア通貨危機（97年7月のタイ通貨「バーツ」の暴落を皮切りに、フィリピン、インドネシア、韓国などアジア各国を襲った通貨危機）によって、この流れに拍車がかかりました。98年8月には、1ドル＝147円台まで円安になったのです。累積赤字をなくして黒字に転換していたものの、外部環境の変化によって、日本レーザーは再び危機に立たされました。

しかし、アジア通貨危機、ロシア危機という困難な状況でも、日本レーザーが赤字にならなかったのには理由があります。

- 不良債権と不良在庫を除却し、B／Sを改善していた（財務体質を強くした）
- 常に新規商権を探し、市場に新商品を導入する努力を継続し、取引先一社に依存するリスクを避けようとしていた
- 賃金制度が弾力的で、不況で業績が落ちれば、人件費もある程度スライドして減少する。すなわち人件費が完全には固定費ではない（他社にない仕組み）
- 絶えず社員のモチベーションを高く維持することで、困難な場面で火事場の馬鹿力が発揮された

といった自主努力を怠らなかったからです。

✸逆風の円安でも黒字を出し続ける4つの秘策

円高の間は調達コストが下がりますが、円安に振れると急にコストが膨らみます。日本レーザーはここ数年、**毎年約2000万ドルの海外調達**（海外仕入額）があります。

アベノミクス以前の2012年度には、平均「1ドル＝80円」で送金できました。

ところが、2013年度は前年比25％円安で平均「1ドル＝100円」です。すると、2000万ドル調達するのに、単純計算で**約20億円**かかります。同じ製品を同じメーカーから仕入れているのに、**4億円のコストアップ**となるわけです。

●2012年度……2000万ドル×80円＝16億円
●2013年度……2000万ドル×100円＝20億円
●20億円−16億円＝**4億円**（コストアップ分）

当時の直近3年間の平均経常利益は約3億円でしたから、**放っておくと「1億円の赤字」**になってしまいます。

しかし、そのまま1億円の赤字を出すと、私の経営者としての資質が問われます。一度赤字になったからといって会社が潰れることはありませんが、社員の中で**雇用不安**が生まれます。アベノミクスへの恨み言を言ったところで、誰も支援してくれません。結局は、自分たちの力で打開するしかない！

そこで次の４つの施策に注力し、黒字の維持に努めました。

❶新規事業・新規顧客の開拓

……レーザー以外のセンサー（静電容量型変位センサー）を取り扱うなど、従来のレーザー部門も数を増やし、**薄利多売で売上を10％**ほど伸ばしました。

❷コストカット

……ボーナスや日当の一部カット、社員旅行の中止、社長の給与（役員報酬）の減額などを実施。ただし、報酬カットや経費削減は、せいぜい年間経費の５％程度です。当社は、年間で**約8億円の販売管理費**を使っていますが、そのうち、４０００万円程度しかカットできません。

縮小均衡（収益がマイナスにならないように、組織形態を縮小すること）は効果が小さいため、人員整理や雇用を見直すより、**社員教育**に力を入れて人を育て、強い会社にするほうが王道です。

❸値上げ

……自動車メーカーをはじめ輸出が多く、円安で業績好調なメーカーに値上げを了承していただきました。といっても、最初から値上げ交渉がうまくいったわけではありません。

「アベノミクスを理由に値上げを言い出した会社は、**日本中でおまえのところだけだ！**」

「なんで急に値上げをするの？　おかしくない？」

と**門前払い**されたことも、一度や二度ではありません。

では、どうやって値上げに成功したのか？

実は次のように「理論武装」して、「値上げの正当性」を訴えたからです。

「そもそもアベノミクスは、何のための施策でしょうか。それは、デフレから脱却するためです。デフレから脱却するためには、物価を上げなければなりません。物価を上げるためにどうして円安にする必要があるのかといえば、輸入品の値段を上げるためです。ということは、我々のような輸入業者が輸入品の値上げをすることは、国の方針だと考えることができます。値上げをしないのは、国の方針に逆らうことと同じです」

「値上げ＝デフレ脱却」「値上げ＝国の方針」という論理展開に反論できる人は、誰もいませんでした。

こうして、日本レーザーは値上げに踏み切ることができたのです。

２０１４年度は、平均「１ドル＝１０６円」で海外仕入額は21億円以上、２０１５年度はさらに円安傾向となり、平均「１ドル＝１２０円」で、海外仕入額は24億円にもなります。

同じ製品を輸入しているのに、８億円ものコストアップ（２０１２年度と２０１５年度比）になれば、年商35億円規模の会社では立ち行かなくなります。何も手を打たなかったら、たちまち赤字に転落するでしょう。

アベノミクスの副作用によって、倒産したレーザー専門の輸入商社はたくさんあります。しかし**赤字１００％必至という状況でも、日本レーザーは増収増益で、過去最高の受注を記録**しています。

これは利益率のいい製品の売上が伸びたり、ＯＥＭ事業を大手メーカーと契約できたりした結果で、それまでの地道な営業努力が実ったからでした。

その後、２０１８年10月に韓国で開かれたシンポジウムに参加した際、アベノミクスの指南役のひとりである、内閣官房参与の浜田宏一先生（経済学者）にお目にかかりました。

私が講演で、「円安にもかかわらず黒字を維持した」と話すと、浜田先生から「アベノミクスのせいにしないで乗り越えたという話には**感動**しました」と称賛され、握手を求められました。

❹為替の予約

……為替変動に対する最後の手段は「**為替の予約**」です。為替予約とは、将来必要な外貨をあらかじめ決めたレートで売買する取引のこと。しかしこれが大変難しい。海外メーカーからの製品調達が主ですから、円高で安くドルやユーロを調達できれば利益が増え、逆に円安になれば、ドル建てやユーロ建ての価格は円では高くなってしまいます。

実際の送金時のレートがいくらでも、為替予約したレートで必要なドルやユーロに交換します。

送金時に予約レートより円高であれば、予約しなかったほうがいいわけです。

ですから、円安になると見込めば予約し、円高になると見込めばなりゆきでいいのです。輸出企業と輸入企業とでは方針はまったく反対になります。当社は輸入企業ですから、その立場で説明しましょう。

まず為替レートですが、テレビニュース等で報道されるレートは売買の〝仲値〟です。これを「TTM」といいます。外貨を買うレートは「TTS」といい、輸入企業向け。外貨を売るレートは「TTB」といい、輸出企業向け。当社はドルを買ってそれで海外へ支払うので、まず円を売ってドルを買います。ドルを売るのは金融機関ですから、彼らから見れば売る（Sell）ので「TTS」というわけです。輸出企業は輸出で得たドルを売って円に換えて給与を払いますので、そのドルを買うのは金融機関です。彼らから見れば買う（Buy）ので、「TTB」といいます。それぞれのレートが違うのは金融機関が手数料を取るからです。一般に仲値（TTM）が100円ならば、TTSは101円、TTBは99円となるわけです（実際には各企業ごとの優遇レートが反映されます）。

仮に、今日のレートが110円としましょう。市場を見て、今後115円程度の円安になると判断すれば、輸入企業は円を売ってドルを買います。今ならば、110円でドルが

図6 為替レートの種類（仲値100円の場合）

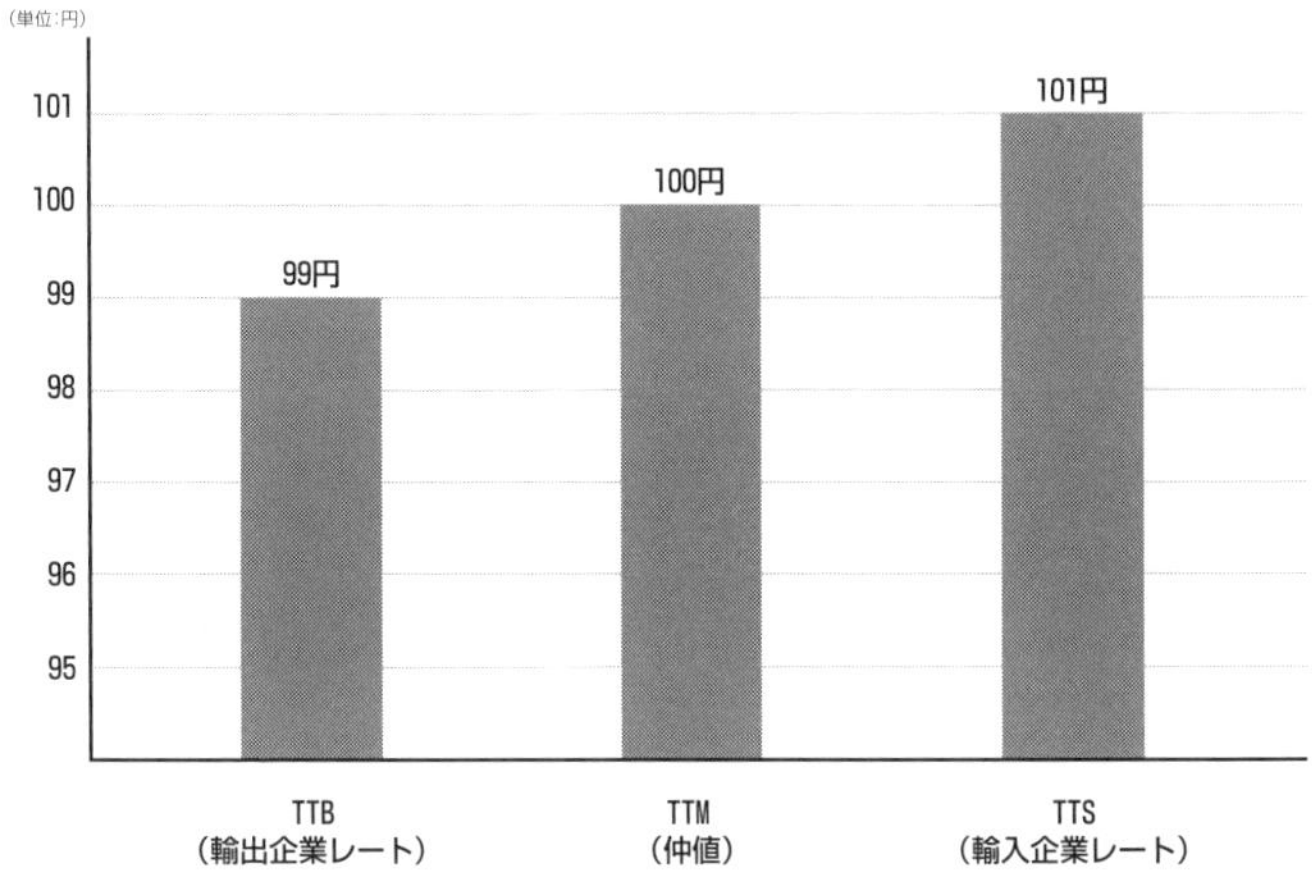

手に入るからです。逆に105円程度の円高になると判断すれば、輸出企業はドルを売って、円を買います。今ならば110円を確保できるからです。このような外貨を売買する予約をしておき、期日に支払うことを「為替予約」といいます。

見込みが狂いそうなときは予約をしないほうがいい。下手をすると大幅な損失が出てしまいますから、バクチのようなところがあります。

かつては、日米の金利差が非常にあったので、長期の予約をすると非常にいいレートが取れました。たとえば、1ドル120円時に100円で買えたときもありました。さらに複雑なレバレッジを使った予約では90円台のレートも取れたものです。

しかし、長期に多額の予約をすることはリスクが大きくなります。そのために子会社のときには、親会社から1年間に最大100万ドルまでと規制され、加えてその都度本社の常務会の承認が必要という足かせがあったのです。

でも、予約は為替相場が常に変化する状況で行うので、常務会の承認が必要では話になりません。事実上、予約なんかするなというものです。したがって、**ここ一番のときには社内ルールを無視**してやっていました。

親会社からの独立後は、自由にいくらでもできるのですが、大損したり大儲けしたり、本当に怖いものです。予約した結果、決算で時価評価したときに損失となり、子会社だったら大変な責任問題になっただろうと**背筋が寒くなった経験**もありました。

円ドル相場は、日本人の参加者が減る年末年始、ゴールデンウィーク、お盆の時期に大きく変動する傾向があり、休みのときはいつも緊張感を持っています。今は対ドルで円が年間10円程度しか変動しないので、スポットでタイミングを見て予約し、少ない為替のメリットを少しずつ積み上げるやり方をしています。

為替や株式市場の相場観を養うには、平日朝5時45分からの『**Newsモーニングサテ**

ライト』（テレビ東京系）を30分だけでも毎日見ることをお勧めします。専門家の多様な意見を聞くことができます。

✸「問題は内部にある」と自覚するのが黒字化への近道

リーマンショックのような世界同時不況、大地震、急激な為替変動といった外部要因で会社がピンチに陥ることがあります。

ピンチに直面したとき、「為替変動は自分のせいじゃない」「自分のせいじゃないから、どうにもできない」と他責で考えていたら、業績は落ち込み、会社は傾き始めます。

危機を乗り越えるためには、**「身のまわりに起きることは、すべて必然である」**と考えて、人のせいにしないことです。

日本レーザーが円安になっても黒字経営を続けられたのは、「円安はどうしようもないけれど、今、会社のために自分にできることは何か？」と、社員全員が**「自社の内側」にある課題として思考**したからです。

「デフレだから、しかたがない。円安だから、しかたがない」「円高に戻るときまで、給与やボーナスを下げて、みんなで我慢しよう」「まだ少し蓄えはあるから、しばらくは耐えしのごう」と消極的に考えていたら、時代の変化に対応することはできません。

厳しい外部環境の中でも利益を安定的に出していくには、

「すべての問題は内部にある」

と**自責の思考**（自分に責任があるという考え）を持つことです。

社長が、そして全社員が**「すべての問題は自分の中にある」**と自覚していれば、経営環境がどれほど激変しても、**「火事場の馬鹿力」**を発揮して、危機を乗り切ることができるはずです。

社長の場合はさらに、**「身のまわりで起こることはすべて社長が招いているのだ。そしてそれは必要であり、必然なのだ」**と受け取る覚悟と決意が必要です。そこまで思い込めば怖いものはありません。

25年連続黒字化の3つのポイント

① 「新規事業の創出」「新規顧客の開拓」「コストカット」「値上げ」「為替の予約」などの自主努力を怠らない

② 値上げをするときは、きっちり理論武装する

③ 赤字の原因は外部環境にあるのではなく、内部にある。社員全員が「自社の内側」にある課題として解決に乗り出すことで、「火事場の馬鹿力」が発揮される

11 ある日突然、契約解除の修羅場

一本のメールで、契約終了の恐怖とどう向き合うか

✸28社からの契約打ち切り宣告

海外メーカーに依存する輸入商社は、常に「取引停止」のリスクと隣り合わせです。何年も取引を続けていた会社から、ある日突然一本のメールがきて、契約終了を言い渡されることもあります。

現に私が社長に就任して以来、海外の主要13社を含む「**28社**」から代理店契約を打ち切られています。契約解除のおもなケースは、次の「４つ」です。

①他の代理店に鞍替《くらが》えするケース
②海外メーカーが自ら日本法人を立ち上げるケース
③社員が商権を持って独立するケース
④海外メーカーがM&Aの対象となり、先方の代理店または日本法人を使うことになったケース

❶他の代理店に鞍替えするケース

……日本レーザーの創業当時（私が社長になる前）、海外有力メーカーC社と代理店契約を結びました。C社との関係は13年に及びましたが、あるとき、状況が一転します。「社員のレベルが低い」「英語ができる社員が少ない」「期待したほど売上が上がっていない」といった理由で、一方的に契約を打ち切られてしまったのです。なんとC社は次に、日本レーザーのライバルである上場企業のR社と代理店契約を結びました。

当時の日本レーザーは、売上の「60〜70%」をC社に依存していたため、このままでは**倒産は必至**。営業部長（のちの副社長）だったUは、社長（初代社長/日本電子の開発担当常務）から、

「すぐにアメリカに飛んで、C社に代わるサプライヤーを探してこい。新しい商権が見つかるまで日本に帰ってくるな！」

と指示を受け緊急渡米。アメリカ中を奔走したのです。

しかし、Uの努力は実りませんでした。新しい商権を見つけられないまま、彼は病気を患《わずら》い、2か月後に帰国しました。

売上の「60〜70％」も依存していた事業を失って無傷でいられる企業は、ほとんどないでしょう。

当社も例外ではなく、その事業に携わっていた**社員の大半が退職**しました。残った社員が努力して、新しいサプライヤー製品を販売して会社は継続できましたが、非常に苦しい経験をしたのです。

現在は取引を切られても、担当していた**社員は決して退職しません**。売上が落ち、粗利益が減るので年収は大幅にダウンしますが、新しい取引先を探して立て直す努力をしています。

大口継続の取引先は、**諸刃の剣**です。

安定的な収益を見込める一方、契約を解除されると大打撃を被ります。かつての当社のように、一社への依存割合が高いと、得意先の動向次第で売上が激変してしまいます。そこで現在では、新たな取引先を開拓して主要取引先を分散しています。

ひとつの取引先だけで売上全体の30％を超える場合は、経営リスクが高くなりますから、当社では、**一社への依存率を20％以内**にとどめています（現在の取引先で最大手は15％くらい）。

❷海外メーカーが自ら日本法人を立ち上げるケース

……海外メーカーは、日本での販売が好調とわかると、自社の日本法人を立ち上げようとします。我々が苦労に苦労を重ねて開拓したマーケットを、海外メーカーの日本法人が横から奪い取っていくわけです。

頑張って売れば、市場を奪われる。売れなければいろいろと難癖をつけられて、C社のケースのように代理店契約を打ち切られる。**売っても売らなくても、どちらにしても代理店契約を打ち切られるリスク**を抱えているのです。

❸社員が商権を持って独立するケース

……商権を持ち出したり、自分で輸入商社を立ち上げたりした元社員は、これまでに**「15人」**もいます。出て行った15人がそれぞれ社長になった15社と、私の社長就任時の当社の売上を合わせると、実に**「200億円」**にもなりました。

レーザー業界は、海外メーカーと協力できれば、ひとりでもビジネスが成立します。独立はそれほど難しくありません。

会社の資源を利用して人脈を構築し、顧客先を固める。あとは海外メーカーと直接話をつけて独立してしまう。社長である私でさえ、ドイツのメーカーから「日本レーザーの社長を辞め、日本法人の社長に就任してくれないか」と打診があったほどです。

最初は自分の手で持てる商品から始めて、次に抱えられるもの、その次に車に積めるものと、だんだん扱う商品を大きくしていく。つまり、リスクの小さいところから始められるのが輸入商社の特徴です。

❹海外メーカーがM&Aの対象となり、先方の代理店または日本法人を使うことになったケース

……当社の社員だった方倩《ほうけん》は、中国出身の女性です。彼女は将来を嘱望される人財でした。

- ●納入したシステムにトラブルが発生したときは、寝袋を持って工場で寝泊まりし、徹夜で対応する
- ●支払いを渋る理不尽な顧客には、「独断で装置を引き上げる」と迫る一方、顧客の要望には的確に対応する
- ●中国メーカーへの誤送金が発覚したときには、「誤送金を認めても返金しない」と主張する相手に一歩も引かず、ルールに基づいた返金を迫り、実現する

など、彼女は目覚ましい活躍を見せました。あるドイツメーカーの社長は、「方さんがいる限り日本レーザーと取引する」とまで約束してくださいました。

ところが、方に膵臓ガンが見つかり、余命2か月の宣告を受けてしまいます。方は宣告どおり、2か月間の闘病ののち、2016年、42歳の若さで亡くなりました。すると、ドイツのメーカーから契約解除の通達が届きました（↓次ページ）。

図7 ある日突然届いた、ドイツメーカーからの契約解除通達

[redacted]

[redacted] Germany

Japan Laser Corporation

Mr. Nobuyuki Kondo, President

Contact
[redacted]
Tel.: +[redacted]
Fax: +[redacted]
E-mail: [redacted]@[redacted]

Date: 22-Sep-2016

Termination of Distribution Agreement

Dear Mr. Kondo,

This letter is written to notify you that effective December 31st 2016, we are terminating the Distribution Agreement between [redacted] and Japan Laser Corporation which was signed on June 12th 2008.

After many years of cooperation this is not an easy decision. At the meeting with you on September 28th 2016 we would like to explain the reasons and find an agreement on practical steps including how to handle current sales projects.

Sincerely,

[redacted]

[redacted]
CEO

[redacted]

方の急逝《きゅうせい》後に、株式の売却によってこの会社の資本政策が変わり、「親会社（ファンド）の意向によって日本法人の設立が決まったこと」が契約解除の要因でした。偶然なのか、必然なのか、複雑な思いで受け入れざるをえませんでした。

✸社長自ら、取引先とのパイプ役になる

日本レーザーの歴代社長は実務家ではなく、いわば「シンボルのような存在」でした。初代社長は、日本電子の開発常務を兼務していましたから、平日は日本電子の常務として仕事をし、土曜だけ日本レーザーにやってくる。これではしっかりとした経営はできません。その結果、現場の社員たちが好き勝手に動ける状態ができていたのです。つまり、**簡単に商権を持ち出せる「スキ」**があったわけです。

そこで私は、実務レベルの日常業務は担当社員や幹部に任せても、全世界に50社ある海外パートナーとの関係強化は、**「社長の仕事」**であると決めました。

そのため、頻繁に海外の展示会に出て、メーカー（サプライヤー）を訪問したりして、トップ自身が信頼関係を醸成していったのです。

経費的にも厳しい部分はありましたが、直接会社を訪問して関係強化を図ったおかげで、今では過去のような過ちが繰り返されることはありません。

当社のビジネスは、海外メーカーとの関係が生命線です。商権を失うことは会社にとって命取りですから、それを防ぐためにも、会社のトップである**社長が自ら現場に出向く覚悟**が必要です。

✸商権を失うのは、自分の甘さが原因

経営危機が起きてしまうのは、

「日々刻々と移り変わる経営環境に対応できていない」

「利益率や受注率が減少しているのに、社内で数字の共有がなされていない」

「社員の危機感が薄い」

など、いくつもの理由が考えられますが、経営危機を引き起こす最大の課題は、**「外部環境を理由にして赤字を容認する」**ことだと思います。

企業の経営者は、自分たちの結果に対し、外部の責任にするわけにはいきません。外部環境のせいにすると、「自分たちがいくら頑張っても、状況は好転しない」と考えるようになり、社員のモチベーションが低下します。

商権を失うのは、海外メーカーのせいでも、社員の裏切りのせいでも、ライバル会社のせいでもありません。すべて、**自分（自社）の甘さが原因**です。

日本レーザーが25年連続黒字なのは、社員全員が「いつ、商権を失うかわからない」という**健全な危機意識**を持って、改善を怠らなかったからです。

25年連続黒字化の3つのポイント

① 取引先との関係を継続するには、社長自ら「トップ営業員」として現場に出る

② 商権を失うのは、すべて自分（自社）の甘さが原因である

③ 社員全員が「いつ、商権を失うかわからない」という健全な危機意識を持って改善を続ける

修羅場社長のコラム

ナンバー2の腹心「筆頭常務」が仕掛けた裏切り

私が社長に就任してまもない頃、当社の大切な財産である商権（有力商権のP社）と優秀な部下を引き連れ、そのまま独立してしまった人物がいます。

信じられないことにその人物は、私が**最も信頼していたナンバー2の筆頭常務**で、日本電子では海外駐在員の先輩でした。彼は、次期社長就任に意欲を示していましたが、私が社長になったことで「自分はもう社長にはなれない」と失望し、密かに独立を画策していたのです。

1994年4月、私が社長に就任する前月に、ドイツP社のS社長が来日されました。S社長と私、そして、P社担当の筆頭常務の3人で会食をした際、私は素直な意見を述べました。

「総代理店としてこれまで以上に努力をするので、日本法人をつくったりしないでくださいね（笑）。末永くパートナーとして、日本市場で販売を伸ばしたいですね」

私は、「総代理店の社長になる立場」でコメントしたつもりです。ところがこの瞬間、2人の顔色が変わりました。異常な興奮をしたのか、**2人とも同時に真っ赤**になったのです。

このときすでに、S社長と筆頭常務の間で「密約」ができていたのです。この会食から1か月後の5月末、S社長からレターを受け取りました。

「日本レーザーとの総代理店契約を、6か月後の12月末日をもって解消する」

そして12月になると、筆頭常務が辞表を出してきました（このときはまだ、私は裏切りに気づいていませんでした）。

私は、「3月まで休養して再考してほしい。給与は全額出すから」と説得。「有給で3か月の休暇を与える」という破格の引き留め策でしたが、本人は固辞して12月末で日本レーザーを去っていったのです。

年が明けてP社の事業は、親会社の日本法人（P－社）に移管されることがわかりました。そして、「当社の元筆頭常務がP－社の社長になる」というのです。

私は「裏切りの退職」とも知らず、**役員退職金を規定どおりに1000万円支給**していました。本人は大変感謝していましたが、その後の彼の企《たくら》みを知っていたら、退職金どころではなく、解任していたでしょう。

総代理店が日本法人のPー社に移った以上は、顧客もすべてPー社が引き継ぐのが当然です。ところが、トラブルを抱えたある大学からのクレームに対して、Pー社は責任を回避。その顧客は、あろうことか日本レーザーの親会社である日本電子の支店に、「こちらが要求する仕様になっていない」と苦情を持ち込んだのです。

本来はPー社が対応すべきですが、大学の担当者は、「日本レーザーから購入したドイツ製品がトラブルになっている。すみやかに問題を解決してほしい。それができないなら、日本電子の社長に直接抗議する」と、脅迫にも似た強気の姿勢を見せたのです。

こうした問題で親会社を困らせれば、その子会社の社長は解任されるのが通例です。

その弱みにつけ込んだ理不尽な要求には泣き寝入りするしかなく、最終的には「Pー社に1000万円もする新しい装置を注文・納入し、大学に納入し直す」ことになりました。

本来はメーカーの負担ですが、親会社を脅迫したありえないやり方に、**許せない気持ち**でいっぱいでした。

その半年後、ドイツ・ミュンヘンのレーザー展示会に参加したとき、P社のSB副社長から、「日本レーザーを切ってPー社に移管した背景」について聞くことができました。移管の背景には、**驚くべき「嘘」**が隠されていました。

元筆頭常務は、私と日本レーザーを貶《おとし》めるために、P社のS社長に、次のような嘘を並べていたのです。

「日本電子が近藤を送り込んだのは、日本電子が自社開発を進めるための布石だ。日本電子は、日本レーザーにP社の製品情報を集めさせ、その情報を使って、P社の製品と同じレーザーを使った計測装置をつくるつもりだ。彼らにはそれだけの技術力がある。日本レーザーも、日本電子も、あなた方のライバルになろうとしている。この際、日本レーザーを切って日本法人を立ち上げたらどうか。**その会社の社長に、ぜひとも私を登用してほしい**」

P社は、元筆頭常務の偽りを信じ、日本レーザーとの契約解除に踏み切りました。

この商権を失ったことで、**当社は20％の売上を失った**のです。失った売上を取り戻すには、自分たちの手でどうにかするしかありません。私が自らドイツやフランスに足を運び、現地のサプライヤーと粘り強く交渉を続け、どうにか代わりの商権を獲得することができました。他の社員も、アメリカの商権獲得に奮闘するなど、少しずつ売上を回復していくことができたのです。元筆頭常務をはじめ、多くの社員が日本レーザーから離れていったのは、会社への忠誠心や献身が失われていたからです。社員の独立を防ぐには、社員の忠誠心を高める必要があります。だからこそ、**「雇用を絶対に守る」「頑張ったら、頑張った分だけ報われる仕組みをつくる」**ことが大切なのです。

12 退職金の修羅場

何もしていない前会長と前社長に2400万円の退職金を満額支給した理由

✸社長は迷わず「損の道」を進め

経営は、判断の連続です。ビジネスは、選択の積み重ねです。

リスクと可能性を冷静に判断し、躊躇《ちゅうちょ》なく決断しなければ、時代の変化に取り残されます。

では、判断に迷ったら、どうするか。

「どちらにすべきか」の選択で迷ったとき、私は、

「得する選択より、損する選択をする」ように心がけています。

結果的に、一見損な意思決定が、のちによい結果となったことは何度もあります。

しかし現実的には、会社としても個人としても、どうしても「得」のほうを選びがちです。

12歳のとき、中学校の校長先生から「リーダーは、聡明かつ善良でなければいけない」と訓辞を受けて以来、正しく生きようと心がけてきましたが、人間はなかなか神様のような心境にはなれないものです（笑）。

●経営における聡明さ……的確な状況判断をすること

●経営における善良さ……損得ではなく「正しいか、正しくないか」で決断をすること

人間は放っておくと、生存本能によって、「自分が生き延びるためにプラスになるかどうか」「自分にとって得か損か」で意思決定をするものです。

しかし、得になると見越して下す判断は、えてして、正しくなかったりします。経験上、その場では自分に損な意思決定をしたほうが、結果的には正しい判断である場合がほとんどです。**「損の道を進んだほうが、経営は成功する」**と確信しています。

●「損の道」を選んだことが、正しい結果に結びついた一例

●親会社でのキャリアアップを捨て、日本電子の取締役を退任。日本レーザーの社長に専念するや、「超円高」や「2億円以上する自社製品の受注」などの追い風が吹く

●日本レーザーの社長に就任したとき、前任者の株を「自腹」で買い取ると、社長の覚悟が社員に伝わり、社員のモチベーションが上がった（買い取った株の株価は、のちのＭＥＢＯ〈↓157ページ以降〉時には3倍に）

●リスクを負って親会社から離れて独立を果たした結果、社員の当事者意識が高まり、少数精鋭の強い組織になり、素晴らしい会社になった

✸経営悪化を招いた張本人に退職金を満額支給

１９９４年、親会社の日本電子から、私が日本レーザーに送り込まれたときのことです。５月の株主総会で、前会長と前社長の退任が正式に決定しました。メインバンクから新規融資停止の事態を招いた前会長・前社長への「退職金」が悩みの種でした。

選択肢は次の３つ。

①3年連続赤字の責任を取ってもらい、退職金は支払わない
②支払うが、減額支給する
③規定どおり全額支払う

親会社に相談しても明確な答えがもらえず、結局、私が決断するしかありませんでした。

私が出した結論は、「**③**」(規定どおり全額支払う)です。

債務超過を野放しにした張本人たちですから、「退職金は支払わない」のが普通です。

しかし私は、「毎日会社にきて『日本経済新聞』を読んでいるだけで給料がもらえる」と社員から揶揄《やゆ》されていた前会長に、そして、メインバンクから見放された前社長に、「退職金を支払う」ことを決めました。しかも、**満額。前会長には400万円、前社長には2000万円**です。

前会長には一括で400万円を支払いましたが、前社長には次の方法で分割にすることにしました。

「まず一時金として、500万円を支給。その後は顧問契約をして、毎月高額な顧問料を2年半支払い続ける(出社の必要はなし)。すると、最終的には2000万円になる(顧問料と退職金では税率が違うため、手取りで考えると、本人には不利になるが、退職金を支払うお金がない以上、仕方がない）」

私は日本レーザーを黒字にするために社長になったわけですから、「退職金を支払わない」という選択をしたほうが、財務上は「得」です。しかし私は、「退職金を払うほうが正しい」と考えました。なぜなら、そのほうが**「残された社員が安心するから」**です。

●「この会社は、何があっても、どんな状況に陥っても、退職まで面倒を見てくれる（退職金を払ってくれる）」

●「この会社は、自分と家族を守ってくれる」

という実感があるからこそ、社員は心おきなく力を発揮してくれます。

自分にとって、「損かもしれない」と思う一方、「でも、これをやるのがきっと正しいと思う」「でもやっぱり、損かもしれない」という葛藤が生じたときには、**「損」の道**を選ぶ。

何が正しいかを考えぬいて、「正しい」と思ったら信じて進む。これが経営者の仕事だと思います。

✸退職金に備えることで損益への影響をならす

現在、退職金に関しては、「会社を絶対に赤字にしない」ために、**「退職給付引当金」**を計上したり、**「逓増《ていぞう》定期保険」へ加入**したりして内部留保を厚くし、損益への影響を少なくしています。これまで、副社長1名、常務3名、取締役1名の退職金を「一括で、規定どおり支給」することができています。

◉退職給付引当金

……将来退職金を支払う金額のうち、当期の費用として計上する引当金を管理する勘定科目。引当金とは、将来の損失の発生を「当期」の費用または損失として計上することです。

会社が退職金を支払うのは社員が会社を辞めたときですが、実際には、毎月、社員が勤務する期間に比例して（当社の場合は、実力・職責に比例して）退職金の支給額は増えていきます。つまり、「現金の支出はまだ先だけれど、費用は発生している」と解釈できます。

そこで、社員に支払う退職金を「退職給付引当金」として計上します。引当金として、毎期、費用計上をしていないと、

●「退職金の支払時に、全額を費用計上することになるため、金額次第では損益が大幅に悪化する危険性がある」

●「B／Sの純資産が減少する」

といったデメリットが生じます。

あらかじめ費用計上しておけば、社員の勤務期間中に少しずつ費用化していくため、損益への影響をならすことが可能です。

◉「逓増定期保険」の加入

……「逓増定期保険」とは、保険期間満了までに保険金額が契約当初の金額から「5倍」まで増加する定期保険のことです。「逓増定期保険」には、次のメリットがあります。

●保険料の一部は経費処理ができるので、法人税の軽減が期待できたが、2019年2月に税務当局から税務取扱いの見直しが生保各社に伝えられたので、今後の運用については注意が必要（以下の3つのメリットについても変更の可能性があるので要注意）

●経費処理とならない保険料は、B／Sに資産計上できる（含み益になる）
●会社が赤字のときは、「逓増定期保険」を解約し、解約返戻金で赤字を補てんできる（実際には、赤字補てんのために解約したことは一度もない）
●解約返戻金を退職金の財源として利用できるので、会社のキャッシュには影響しない

✸退職金は、「実力」に応じて支給額を増やす

多くの企業では、「最終本給×勤続年数」形式で退職金の支給額が決まりますが、日本レーザーは、年功序列型ではなく、実力主義の退職金制度を導入しています。

資格上位（資格は一般社員から執行役員まで9段階）であるほど「実力がある」と認め、上位の資格に長くとどまった社員の支給額が多くなる仕組みです。本給は一切、加味していません。

詳しい計算は省きますが、40歳入社時から定年60歳まで主任だった社員と、40歳入社時から定年60歳まで部長だった社員（部長は主任より5段階上の職責）では、資格に応じたポイント制のために**退職金の差が400万円**になります。上位に上がるとは、言い換える

と「自己成長する」ことと同義ですから、成長した人には手厚く支給するのが当社のルールです。

25年連続黒字化の3つのポイント

①経営判断の選択で迷ったとき、得する選択より「損する選択」をしたほうが、結果的に得をすることが多い

②退職金の支払いに備え、内部留保を厚くするための保険活用など、中小企業の経営者はしっかりとした財務戦略を持つべきである

③「逓増定期保険」を活用すると、当期の決算では保険料の一部を経費処理できるので節税となり、残りは資産計上して内部留保となるが、2019年2月に税務当局から税務取扱いの見直しが生保各社に伝えられたので、今後の運用には注意が必要

13 株式取得の修羅場

なぜ、タダ同然の株式を額面どおりに買い取ったのか？

✷社長が「300万円自腹を切った」あとに社員に変化が！

日本レーザーは、1968年に「個人株主10名、資本金500万円」で創業した会社です。その後、日本電子が支配株主となり、私が社長に就任した当初の株主構成は、次のようになっていました。

◉社長就任時の株主構成

- 日本電子の持ち分……70%
- 社員株主（個人）の持ち分……20%

●前会長・前社長の持ち分……10％

前会長、前社長の退任が決まったとき、2人が持っていた「10％の株式」（資本金3000万円のうちの300万円）について、2つの選択肢が考えられました。

①前会長・前社長の持ち分を日本電子に買い取ってもらう
②前会長・前社長の持ち分をすべて私が買い取る

私は、本社取締役との兼務で子会社の社長になるのですから、日本電子に買い取ってもらうのが普通です。ところが、私は本社に頼らず、**「個人的に買い取る」**という選択をしました。なぜなら、社長の覚悟と本気を示すためです。当時、社員の多くは、私への不信感を覚えていました。

「どうせ、これまでの社長と同じ、雇われ社長だろう」
「どうせ、個人としてリスクを負うつもりはないのだろう」
「どうせ、すぐに本社に戻るのだろう」

会社を立て直すには、社長と社員が一緒に火の玉となり、「火事場の馬鹿力」を出して戦わなければならない。

でも、親会社から派遣された社長が一株も持たなければ、社員はしらけてしまう。そこで私は、自分で株を買い取ることで、

「社員とともに、リスクを背負って戦う」
「社長が率先して火の玉になる」

と表明したのです。

では、株を買い取るときにいくらで買い取るか？

額面は「５００円」でしたが、未上場の株であり、しかも債務超過になっていたため、額面どおりに買う必要はありませんでした。

１００円でも10円でもいい。タダで譲渡すれば、名義変更だけですみます。だがそれでは、真剣味が薄れてしまう……。

もともと吸収合併された会社の社員株主（個人株主）は、「５００円」で買っているのですから、自分も５００円で買わなければ、社員と同じ土俵に上がれません。そこで私は、

他の社員株主と同じく**「500円」**で買い取ることにしたのです。

前会長と前社長の2人分の株、合わせて**300万円は、私のポケットマネー**で支払っています。個人で300万円を出資するのは、たやすいことではありません。私の妻は、「個人事業主でもなく、グループ企業内で異動するだけなのに、どうして個人で300万円も出費する必要があるのか」と、訝《いぶか》っていました。

会社が再建できなかった場合、個人で買った株をすべて「ドブに捨てる」リスクがあります。と同時に、自分も職を失い、路頭に迷うかもしれない……。

しかし、結果的に私の判断は正しかった。私が株式を取得したことで、社員の私に対する評価が変わったからです。

「300万円を出資する」というリスクと引き換えに、社員の会社に対するロイヤリティを得ることができたのです。

25年連続黒字化の3つのポイント

① 通常の事業承継にともなう後継者でも、相続や贈与で自社株式を承継するのではなく、オーナーから株を買い取ること（＝譲渡）が望ましい。身銭を切って自社に投資すれば、サラリーマンから経営者になっても経営に向き合う姿勢が変わってくる

② 譲渡によって自社株式を承継すると、社員に対して、「不退転の決意で経営にあたる」という社長の本気を示すことができる

③ オーナー経営者は、サラリーマン経営者を後継者に選んだ場合に、自分の持ち株を少しでも譲渡すべきである

14 独立の修羅場

なぜ、日本初の「最もリスクの高い独立手法」をあえて選んだのか?

✸社員のために、独立を決意

日本レーザー最大の転機は、2007年、親会社である日本電子から独立したときです。リスクを承知で独立に踏み切ったのは、**「社員が輝く会社をつくるため」**です。

前述した社員の独立(裏切り)があとを絶たなかったのは、日本電子の子会社であるがゆえに、「生え抜き社員の活躍が制限されている」という事情がありました。

日本レーザーには、社長の他に会長、監査役、管理部長、時には営業部長や技術部長も「天下り」で送り込まれていました。こうした人事は、向上心の高い社員にとって、おもしろいはずがありません。多くの優秀な社員が退職し、独立した理由です。それ以外にも、

「日本レーザーが黒字回復したとたん、日本電子が配当の増配を命じた。まず復配して1割配当に。さらに順次3割から5割へ。5割配当では配当額の合計が2年で出資金と同額になる」

「利益が出たため、10年ぶりに社員旅行を復活させたとたん、本社担当常務の了解を取って実施したにもかかわらず、本社社長が激怒し、私が始末書を書かされた」

など、社員旅行さえ自由に行けないほど、経営の自主性を奪われていたのです。

子会社でいることが、迅速な経営判断や社員のモチベーション向上の妨《さまた》げとなっているのは明らかでした。そのため、2003年頃から、親会社の制約の少ないIPO（株式公開）やM&Aによる独立を検討するようになったのです。

一方、日本電子としては、日本レーザーからの配当が期待できる反面、日本レーザーを子会社に持つメリットがなくなっていました。理由は2つあります。

❶日本電子がレーザー関係の仕事から一切手を引いた

日本電子と日本レーザーが出資してつくった「日本電子ライオソニック」（レーザー顕微鏡メーカー）が業績悪化で破綻するなど、日本電子がレーザー事業から撤退。日本レーザーを子会社にしておく事業上のメリットがなくなりました。

一方、日本レーザーにとっては、4割（1200万円）を出資したのに、一切経営にはタッチできず、親会社主導の経営で破綻した際にも出資金は戻らず、一銭の補償もない結果となり、不信感が募っていました。

❷日本電子にとって、「日本レーザーを天下り先にする魅力」が薄れていた

もうひとつは、日本電子にとって日本レーザーが扱いにくい存在になっていたことです。定年内規で子会社の社長（私）を辞めさせたら、後任の社長候補が本社にはいない状況でした。

私が社長に就任して以降、日本レーザーの企業文化、企業風土は大きく変わって、業績も改善していました。したがって、「近藤の後任を本社から送れば、また人財が流出して空中分解してしまう。後任を送れなければ、日本レーザーの社長を交代させることはできない」という親会社なりのジレンマがあったと思います。

しかし、他の子会社の手前、日本レーザーだけを特別扱いするわけにもいきません。そうした事情が重なって、当時の日本電子の社長から、「**独立を考えてほしい**」という打診

がありました（２００６年）。これは独立を模索していた私にとっては、まさに**渡りに船**の状況だったのです。

✸マネーゲームにならない独立手法を模索

独立に向けて検討し始めたものの、問題は「**独立の手法**」でした。

会社の独立の際、「ＭＢＯ」「Ｍ＆Ａ」「ＩＰＯ」などがよく活用されますが、「社員が輝く会社をつくる」という目的を考えると、いずれの手法もデメリットが際立っていました。

●「**ＭＢＯ**」……ある会社の経営陣が、親会社・オーナーから株式・経営権を買い取って独立する手法のこと

私は、「会社は社員のものであると同時に、**株主**のものである」と考えているので、「**社員＝株主**」であるのが望ましい。しかしＭＢＯでは、経営陣しか株を持てないため、全社一丸となった独立は果たせません。

また、ＭＢＯによって株式を取得する方式では、短期的収益を要求するファンドが参画

してくる可能性があります。

ファンドが介入すると、イグジット（出口戦略のことで、ファンドが株式の一部を売却し、利益を得ること）のために株価を上げようとして、社員に無理をさせることが想定されます。そうなると社員のモチベーションが下がって、経営悪化につながる恐れがあります。

●「M&A」……企業の合併、買収のこと

M＆Aによる独立は、親会社が日本電子から他の会社に変わるだけなので、意味がありません。

第三者割当増資によるM＆Aの場合、売却企業（日本レーザー）が新たに株式を発行し、買収企業に引き受けてもらうことになるため、株式の希薄化（株式会社の発行する株式数が増えたために、一株の権利内容が小さくなること）が避けられません。

●「IPO」……「新規株式公開」のこと

株を投資家に売り出して証券取引所に上場し、誰でも株取引ができるようにする手法で

郵 便 は が き

料金受取人払郵便

渋谷局承認

6009

差出有効期間
2020年12月
31日まで
※切手を貼らずに
お出しください

1 5 0-8 7 9 0

1 3 0

〈受取人〉
東京都渋谷区
神宮前 6-12-17
株式会社ダイヤモンド社
「愛読者係」行

フリガナ		生年月日		男・女
お名前		T S H 年 月 日生	年齢 歳	
ご勤務先 学校名		所属・役職 学部・学年		
ご住所 (自宅・勤務先)	〒 ●電話 ( ) ●FAX ( ) ●eメール・アドレス ( )			

◆本書をご購入いただきまして、誠にありがとうございます。

本ハガキで取得させていただきますお客様の個人情報は、以下のガイドラインに基づいて、厳重に取り扱います。

1, お客様より収集させていただいた個人情報は、より良い出版物、製品、サービスをつくるために編集の参考にさせていただきます。
2, お客様より収集させていただいた個人情報は、厳重に管理いたします。
3, お客様より収集させていただいた個人情報は、お客様の承諾を得た範囲を超えて使用いたしません。
4, お客様より収集させていただいた個人情報は、お客様の許可なく当社、当社関連会社以外の第三者に開示することはありません。
5, お客様から収集させていただいた情報を統計化した情報（購読者の平均年齢など）を第三者に開示することがあります。
6, お客様から収集させていただいた個人情報は、当社の新商品・サービス等のご案内に利用させていただきます。
7, メールによる情報、雑誌・書籍・サービスのご案内などは、お客様のご要請があればすみやかに中止いたします。

◆ダイヤモンド社より、弊社および関連会社・広告主からのご案内を送付することがあります。不要の場合は右の□に×をしてください。 不要 □

①本書をお買い上げいただいた理由は?
(新聞や雑誌で知って・タイトルにひかれて・著者や内容に興味がある　など)

②本書についての感想、ご意見などをお聞かせください
(よかったところ、悪かったところ・タイトル・著者・カバーデザイン・価格　など)

③本書のなかで一番よかったところ、心に残ったひと言など

④最近読んで、よかった本・雑誌・記事・HPなどを教えてください

⑤「こんな本があったら絶対に買う」というものがありましたら (解決したい悩みや、解消したい問題など)

⑥あなたのご意見・ご感想を、広告などの書籍のPRに使用してもよろしいですか?

1　実名で可　　2　匿名で可　　3　不可

※ご協力ありがとうございました。　【倒産寸前から25の修羅場を乗り切った社長の全ノウハウ】106280●3350

す。私は上場を目的にしてはいません。上場すれば、「お金にフォーカスした経営」をすることになります。利益を上げて株主に配当を出さなければ、上場企業としての責任を果たせないからです。

お金にフォーカスすると、高成長、高収益、新規事業の連発など、市場に注目される経営になります。上場した場合、常に株式市場の動向を見なければならず、マネーゲームに陥ります。「高収益を上げ、時価評価を上げて高配当を出す」ことが目的になり、**「人」が** **おろそか**になりやすい。しかし、私が目指しているのは**「人にフォーカスした経営」**です。

「生涯雇用を守り、社員の成長の場を提供する」のが私の**目的**であり、**夢**であり、**志**です。

経営に行き詰まると、簡単に「人」を切ってお金に変えるような経営とは、根本的に考え方が違います。

✸持株会社をつくって、親会社の株を買い取る

2007年に、日本レーザーは、「MBO」でも「M&A」でも「IPO」でもなく、**「MEBO」**(マネジメント・アンド・エンプロイー・バイアウト)によって、日本電子から

の独立を果たしました。支配株主の日本電子から独立すれば、人事や事業展開上の制約がなくなり、機動的な経営が実現できます。

●MEBO……経営陣だけでなく、社員も一緒になって親会社から株式を買い取る手法

マネジメント……経営陣
エンプロイー……従業員
バイアウト………買収

MEBOを選択したのは、経営者だけではなく社員も株主になり、**「自分たちの会社」という意識**を高めてほしかったからです。

メインバンクとしても、「持株会社設立によるMEBO」は、メリットがありました。日本レーザーが独立すれば、社債発行や、為替予約（親会社のしがらみがないので金額や期間の自由度が高い）が新たに発生するからです。

●日本レーザーが考えたMEBOのスキーム

①「JLCホールディングス」という持株会社（特定目的会社）を設立
②「JLCホールディングス」が、日本電子から日本レーザーの株式を買い取る
③社員（社長の私も含む）から「JLCホールディングス」に出資を募って、集まった出資金（自己資金5000万円）と、銀行からの長期借入金でまかなう（投資ファンドなどは入れない）　※具体的な流れは161ページ以降で詳述

最大の問題は、日本電子からの「株式の買取価格」(日本電子からいくらで買い取るか)でした。日本電子が独自に格付機関に100万円の手数料を支払ってデュー・デリジェンス（資産価値を適正に評価してもらうこと）をしてもらったところ、簿価純資産やキャッシュフローに着目した方式で株価を評価すると、15～20倍の企業価値だと算出されました。これではとても買い取れません。

そこで私は、2倍の200万円を払って別の格付機関に依頼し、「3～6倍の企業価値である」というレポートをつくってもらうようにお願いしました。理屈はこうです。

「レーザー専門の輸入商社は常にリスクと隣り合わせである。海外メーカーに契約を打ち切られると、すぐにP／Lがガタガタになる。簿価純資産がどれだけあっても、決して安泰ではない。こうしたリスクを踏まえると、簿価純資産より買取価格が低くてもおかしくない」

そして、大株主の日本電子に対しては「6倍」での買取とし、個人株主に対しては簿価純資産ではなく配当金に着目した方式で算出し直して「3倍」としました。

理由は、個人の少数株主は、配当期待株主なので、配当率10％ならば「1倍」でいいという規定を適用しました。当時の配当率が30％だったので、3倍になったわけです。

こうして同じ株を**「親会社からは6倍、個人株主からは3倍」という買取可能な価格**に設定することができたのです。

私が前会長・前社長から300万円で買った株は、**900万円**になりました。**損を覚悟のうえで買った株でしたが、結果的には「儲かった」**ことになります。

◉独立後の株主構成

●日本電子の持ち分……14・9％

●私（近藤）の持ち分……14・9％

●他の経営陣の持ち分……３８・２％
●社員の持ち分……３２・０％

今に至るまで、**社外のファンドを一切入れずに、経営陣と社員全員だけで株式を買い取る「ＭＥＢＯ」で独立**を実現し、その後の**新入社員やパート出身者、派遣出身者も全員株主**になっている会社は聞いたことがありません。**日本で唯一の会社**と言っていいでしょう。

このスキームは、「モチベーションの高い社員たち」だったからこそ可能だったと非常に誇りに思っています。会社を「黒字」に変えたいのなら、

「脱子会社も脱赤字も、それを実現するのは社員である」

という当たり前の事実を見つめ直すことから始めるべきだと思います。

●ＭＥＢＯによる資本政策の詳細

１．２００７年６月、私（近藤）が資本金３０００万円で、「ＪＬＣホールディングス」を設立。この会社が、日本レーザーを買収する。

私は出資希望を募って、株を額面の５００円で出資者に譲渡する。当初、出資希望額は社員枠の32％（９６０万円）を４倍超に達した（３８４０万円）。

２．そこで資本金を５０００万円にして再登記。社員枠の32％（１６００万円）を２・４倍（３８４０万円）に達したため、希望出資額の半分程度に削減して出資してもらった。役員枠は53・１％、元の親会社である日本電子は14・９％（７４５万円）出資した。

３．いったん日本レーザーの役員、社員に株を額面５００円で譲渡した。そのうえで、全員に持ち株を供出してもらって、役員持株会、従業員持株会を設立。出資者はその会員となった。

この結果、「ＪＬＣホールディングス」の株主は、**日本電子、役員持株会、従業員持株会の3者**になった（持株会には詳しい規定がある）。

４．日本電子は日本レーザーを「持分法適用会社」にも適用しないよう、**14・9％**の出資にとどまった（一般に15％以上出資すると、持分法が適用され、投資した持ち分に基づい

図8 日本で唯一の「MEBO」の仕組み

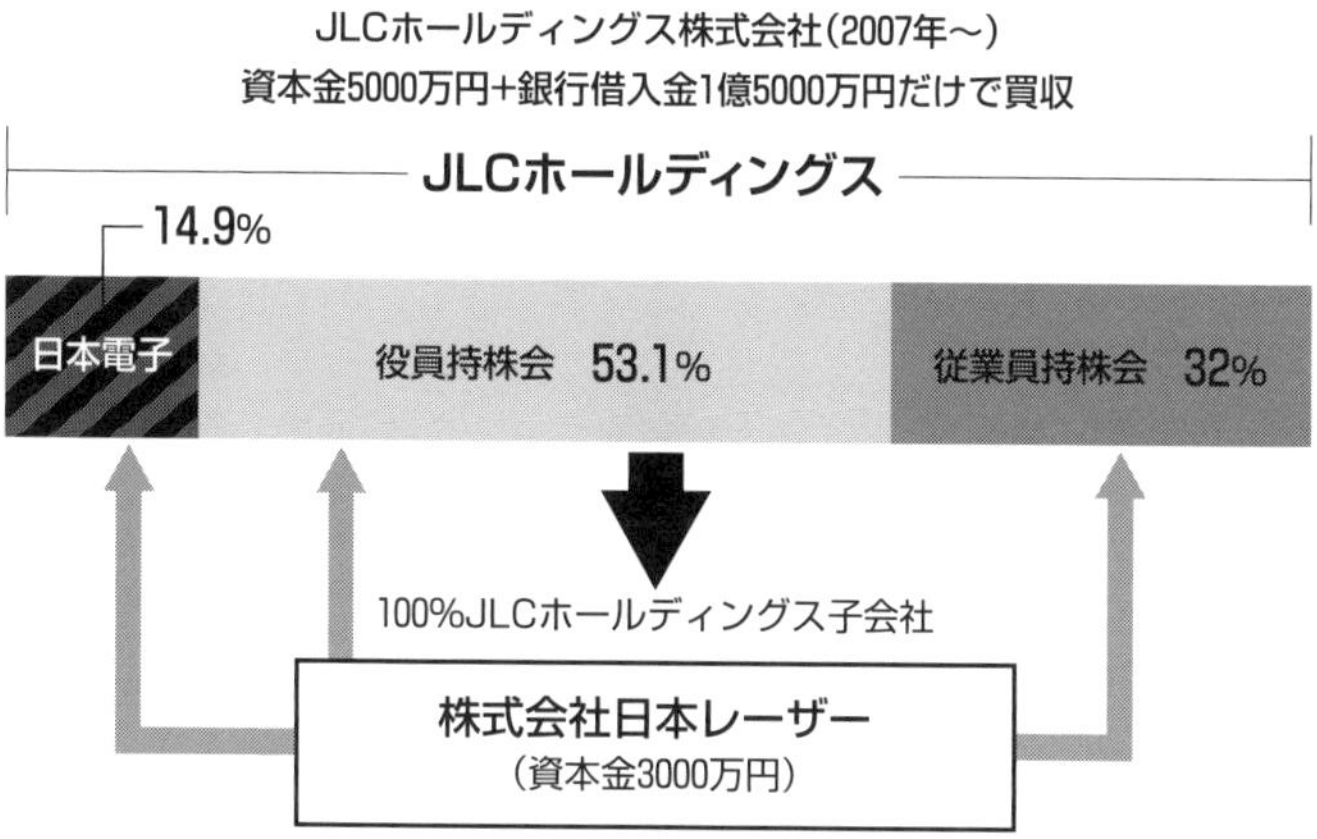

社長のモチベーションが高かったからできたMEBOによる独立

て資本および損益の変動を、連結財務諸表に反映する必要が出てくる）。

私個人も大株主にならぬように、**14・9%**の出資にとどめた（役員持株会の一員である）。役員持株会会員の互選で代表者を決め、その代表者が、「JLCホールディングス」および、日本レーザーの代表取締役となる規定。従業員持株会の代表も互選で決める。株主総会には代表者が出席する。

個人株主の最大出資額を14・9%にとどめているのには、理由がある。

持株が15%以上になると、大株主扱いとなって、**その評価は時価**になる。現在の「JLCホールディングス」の時価評価は資本金5000万円の少なくとも20倍。仮に私が750万円、15％出資したとすると、その20倍、1億5000万円の評価になり、相続が発生した際、私の妻は相続税が払えない。なぜなら、私の持株を時価で買う社員や役員はいないから。そこで、私は**745万円、14・9％**の出資にとどめた。

5．この結果、「JLCホールディングス」は**85％以上の株式を日本レーザーの95％以上の社員で保有する**ことになった。

その「JLCホールディングス」が日本レーザーの全株を買収するために、自己資金5000万円にメインバンクから5年の長期融資で**1億5000万円**を借り入れた。

6．「JLCホールディングス」が日本レーザーを買収するときに、企業価値（時価）を算定した。簿価純資産では10倍だったが、DCF法（収益資産の価値を評価する方法）によって6倍となり、日本電子からは額面の6倍で買い取った。価格交渉は熾烈を極めたが日本レーザーの言い分が通った。一方、直前の配当は30％だったので、少数個人株主には額面の3倍で買い取った。

7．出資金に対して配当は10％を条件に社員からの出資金を募集した。これは、少数株主は配当期待株主であるから、10％の配当ならば、株価は時価にかかわらず、額面の500円でいいという規定に従うため。

8．この結果、株主社員が退職する場合は、持株会が額面500円で買い取る仕組みで、新規出資希望者（転職入社社員・新入社員）にはまた、額面500円で売却する。要するに、企業価値にかかわらず株価を500円に固定していた。

9．2007年のMEBO後に入社した社員からも出資希望が出されたために、2010年に「第2従業員持株会」を設立して出資を受け入れることにした。そして、元の従業員持株会を「第1従業員持株会」と改名した。

MEBOを実行したオリジナル社員や役員の功績で簿価純資産でも評価が上がっているために、あとから加わる社員が購入する株式の株価を2倍の1000円とした。すなわち同額で買える株式数を半分にした。

10. ２０１０年以降に入社した社員、パートや派遣からフルタイムの嘱託社員や正社員になった社員もすべて出資して、第2従業員持株会の会員になった。実質配当利回りは５％になる。

11. さらに、第2従業員持株会の会員である社員も、会社の業績向上に貢献しているので、5年経過したら、**無償で第1従業員持株会に移籍する**制度にした。移籍にともない、実質配当利回りは**10%**になる。

12. 現在の簿価純資産での適正株価は、額面の20倍以上になるが、時価で売買しては回らないので、一株５００円または一株１０００円で売買して退職社員から買い取り、新入社員に売却することで、サステイナブル（持続可能）な仕組みが維持されてきている。

13. 新入社員が増加して株式が不足すれば、役員持株会から回していく。当面、最低でも役員持株会の出資比率は50・１％を維持する。

14. 額面での売買を維持するために、配当率10%は変えないが、実質アップさせるために、株主優遇策を実施している。

これは毎年12月末の株主に対して、**1万円のギフトブック**を支給するというもの。50人の株主に50万円だから実質平均**1%の配当増**と同じ効果がある。

ただし全員一律だから、出資が少ない株主が優遇される。たとえば、出資額25万円の株主の配当金は2万5000円だが、1万円を加えると3万5000円で、配当金に換算すると配当率は14%になる。

15. 新規の出資募集は12月に行うので、新入社員が出資できるのは、1月入社ならほぼ12か月後、4月入社なら同じく9か月後となる。常に中途入社者、転職者がいるので、常時社員の100%が株主ということはありえないが、常に日本レーザーの**95%の社員が「JLCホールディングス」の株主**になっている。

16. このような手法で、MEBOにあたって**一切の外部資金(ファンド)を入れずに、自己資金と借入金だけで実施**した。その借入金も**5年で完済**した。

その後の新入社員や、パート・派遣からフルタイムや正社員になった社員が全員株主になっていることが、**日本では例のないユニークなモデル**といわれている。

こうして、普通のサラリーマンだった私が、幾多の修羅場を経験し、ご縁にも恵まれ、**63歳にして創業経営者**になったのです。

ただし、**経営する企業の社員全員が株主という、世にも稀な資本政策の結果**です。

しかし、だからこそ、修羅場はまだまだこの先も続くことになるのです。

25年連続黒字化の3つのポイント

① 日本レーザーの社員のモチベーションが高いのは、「全社員が株主だからだ」と言われるが、そうではない。「日本レーザーの社員のモチベーションが高かった」から、MEBOが成功した。親会社から独立するには、「社員のモチベーション」を上げるための施策（社員教育、雇用体系、評価システムの改善と定着など）を優先すべきである

② 「人にフォーカスした経営」を具現化するには、外部からの資本を期待しないほうがいい。上場すればお金にフォーカスした経営になり、人を大事にする経営はできない

③ 日本レーザーのMEBOに未来継続性があるのは、全社員が「圧倒的な当事者意識」「健全な危機意識」「ともに生きていく仲間意識」を持っているからである

15 返済の修羅場

崖っぷちに追い込まれながらも、1億5000万円を5年で完済!

毎年「8000万円以上の経常利益を5年間」続けられるか?

社員からの出資があったとはいえ、自己資本（5000万円）だけでは、日本レーザーを買い取ることはできないため、銀行から「**1億5000万円**」の借入れをしました。

では、この1億5000万円を誰が保証するのか？

これまでであれば、親会社の後ろ盾を使って銀行融資を引き出すことができました。

しかし、買い取られる側の日本電子は、もう保証してくれません。ファンドも一切入れていないため、外からの資金調達も期待できない。

そこで、買収される日本レーザー自体が、ＪＬＣホールディングスに対して銀行借入金を保証する仕組みにしました。つまり、日本レーザーからＪＬＣホールディングスに配当を出して、その配当から銀行に返済していくわけです。

具体的には、1億５０００万円の借入金を、**「毎年３０００万円ずつ、５年間」**にわたって返済することになったのですが、これは**非常に大きなリスク**をともなっていました。

なぜなら、「ＪＬＣホールディングスに３０００万円の配当を出すには、**日本レーザーは毎年８０００万円の経常利益**を出さなければならない」ことがわかったからです。

８０００万円の経常利益から税金を払うと約４０００万円。源泉徴収もありますから、約４０００万円の８掛で約３２００万円。つまり８０００万円の経常利益を出さなければ、ゆとりを持って３０００万円の配当を出せないのです。

しかし、日本レーザーが経常利益「８０００万円」を超えたのは、**創業以来、たったの２回**しかありません。

「1億５０００万円を借り入れ、毎年８０００万円以上の経常利益を５年間出し続ける」

というスキームは、**勝つ可能性の少ない「賭け」**でした。

けれど、**絶対、負けるわけにはいかない！** 絶対、賭けに勝たなければいけない！

「社員のモチベーションが上がれば、必ずできる」という確信があった一方で、「もし事業会社である日本レーザーが必要な経常利益を出せなければ、買収のための借入金を返済できなくなる」という不安がよぎり、**崖っぷちに追い込まれての独立**でした。

✸ 〝3つの覚悟〟で無謀な賭けに勝つ

２００８年度と２００９年度は、リーマンショックの影響もあって、配当だけでは返済できず、事業会社である日本レーザーから親会社のＪＬＣホールディングスに貸し付けして返済。その後は利益を伸ばし、予定どおり**「1億5000万円を5年で返済」**することができました。

では、どうして私たちは、無謀とも思えた「賭け」に勝てたのか？

返済の原動力になったのは、次の**〝3つの覚悟〟**です。

①**社長の覚悟**
②**社員の覚悟**
③**本業で利益を出す覚悟**

❶社長の覚悟

社長の覚悟には、「**絶対に独立を果たす**」という覚悟と、「**絶対にリスケはしない**」という覚悟の「2つ」があります。

●独立の覚悟

サラリーマンであった私の場合、「定年まで社長をやり、その後顧問になって、年金をもらい始め、悠々自適に暮らす」こともできました。

しかし、子会社のままでは、人事や財務面での制約も多く、迅速な経営判断ができない。さらには有能な社員が独立していくリスクも大きい。

日本レーザーが将来にわたって成長していくには、「親会社の意向に従う」「親会社からきた雇われ社長を受け入れる」のではなく、自主的な経営に移行するしかありません。

「会社を守るために、何があっても独立を成功させる」という覚悟があったからこそ、「賭け」に挑むことができたのです。言い換えれば、**サラリーマン経営者から「創業経営者」になるという覚悟**でした。

独立に失敗したら、社員を路頭に迷わせることになる。そのリスクを承知のうえで敢行する勇気が不可欠でした。同時に**社員自身も、困ったときには誰も助けてくれないという資本政策を受け入れる勇気が必要**でした。1993年に経営破綻したときには、何だかんだいっても、当時の親会社から近藤がきて助けてくれたのです。

●リスケ（リスケジュール）しない覚悟

独立した1年後の2008年9月には、リーマンショックに見舞われるなど、独立後は前途多難でした。

しかし私は、利益の目途が立っていなくても、「リスケ（返済の条件変更）をして、銀行融資の返済を先延ばしする」考えはありませんでした。

なぜなら、リスケは根本的な解決策ではないからです。リスケをしたところで、返済がなくなるわけではない。「リスケすれば、当面はしのげる」と思った時点で、経営が甘くなる。「販路を広げる」「新規顧客を獲得する」「コストカットをする」といった自分の命を縮めるような自助努力に励んだ結果、**一度もリスケをすることなく、借入金を返済**できたのです。

✸リーマンショックを先読みして、いち早く手を打てたワケ

２００７年夏、サブプライム問題が発覚しました。

当時はまだ一部の専門家以外、問題視していませんでしたが、私は２００７年８月に『日本経済新聞』に載った小さなベタ記事で「ＢＮＰパリバ証券がサブプライムの償還ができない」というニュースを知り、「やはりきたか」と感じました。

私は毎年、アメリカに出張していましたが、行くたびに街並みが様変わりし、どんどん住宅が建ち並んでいました。この様子を見て、「かつての日本のような住宅バブルが到来している。**これは危険な兆候かもしれない**」と思ったのです。

当社も、２００８年３月までは好調でした。しかし、２００８年４月から受注が落ち始めたのです。

このとき私は、世間が騒ぎ出すよりも数か月早く、直感的に「サブプライム問題が当社の受注減に影響しているのではないか」と感じていました。

そして、日本に戻るなり**コスト削減**を打ち出しました。4月から社長と役員の報酬、出張手当などを大幅にカット。もちろん社員からは反発の声が上がりました。

けれど、兆候を察知し、いち早く手を打ったからこそ、9月にリーマンショックが起こっても乗り越えられたのです。

当社も2008年度上期（1〜6月）はなかなか利益が出ない状況が続いていましたが、下期（7〜12月）にはコスト削減効果もあって、なんとか12月期で**3200万円の利益**を出すことができました。

✸嗅覚を失ってまで、非常事態を乗り切る

当時、多忙を極めた私は、体調を崩しました。

でも、経営の立て直しに奔走し、病院に行く時間がない。ストレスと睡眠不足が体調悪化に拍車をかけ、私は**嗅覚を失いました**（風邪などのウイルスが嗅覚細胞を攻撃）。

その後、3年かけて少しずつ回復しましたが、医師の診断では、私の嗅覚は元通りには戻らないそうです。あれだけ好きだったウイスキーも香りが変わってしまい、以前のようにはおいしいと感じなくなってしまいました。
さすがにこのときばかりは、「もっと早く診察をしてもらうべきだった」と後悔しましたが、独立から返済までの筋書きを私自身が描いた以上、体調不良を理由に、返済を先送りにするつもりはありませんでした（それほど強い覚悟があった、ということを伝えたいのであって、「体調を壊してでも休まずに仕事をしろ」と言いたいのではありません）。

この**非常事態体制は、2009年度、2010年度に入っても継続**しました。すると、2010年度は大爆発して、史上最高の受注、売上（約40億円）を達成し、**3億円の経常利益**を出すことができたのです。
変化への対応を先取りして、経営のオペレーションを**非常事態モード**にする。そうすれば、平時に戻ったとき、必ず利益が出ます。

❷社員の覚悟

「社員＝株主」になったことで、社員の中に業績に対する自覚、責任、覚悟が芽生えました。「今まで以上に頑張って、たくさんの利益を出そう」という機運が高まったことで、社員全員が「日本レーザーは自分の会社だ」という当事者意識をより強く持って仕事に臨んでくれたと思います。

借り入れた1億5000万円を5年後に予定どおり完済できたのは、社員の頑張りのおかげです。

❸本業で利益を出す覚悟

赤字の会社を黒字にするには、

「本業で頑張るしかない」

というのが、私の答えです。

経営に飛び道具や必殺技はありませんから、

「新規顧客を開拓する」

「従来の製品をさらに売り伸ばす」

「値上げをして粗利益を増やす」

といった「当たり前の努力」を愚直にやり続けるしかありません。独立時の借入金返済のためには収益性が重要です。当社の場合は、

「顧客ニーズに合った最先端のレーザー関連機器を輸入する」

「展示会などに出展して、見込客を増やす」

「社員のコスト意識を高める」

などに取り組み、収益性の向上に努めました。

✸自己資本比率を上げる2つの方法

独立する2007年3月期で17％だった自己資本比率（会社の総資本のうち、どの程度が自己資本でまかなわれているかを表す）は、2013年度には50％を超え、それ以来、**一貫して50％以上で、直近の2018年12月期は55％**です（「平成29年中小企業実態基本調査速報」によれば、2018年の中小企業全体の自己資本比率の平均値は40・8％。当社は卸売業に分類されますが、卸売業における自己資本比率は、大企業、中小企業とも全

図9 日本レーザーの自己資本と自己資本比率の推移（1994〜2018年度）

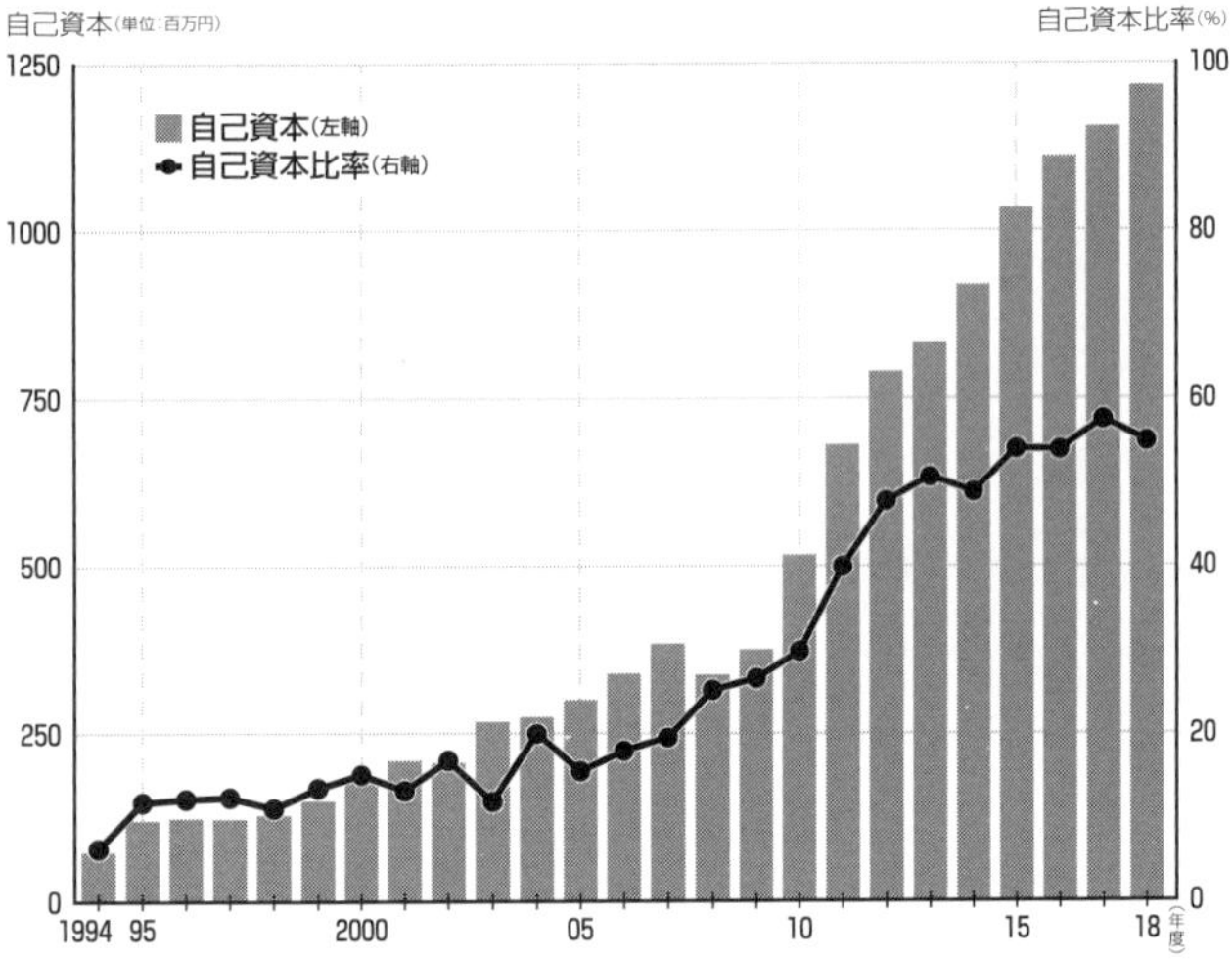

産業平均より低い傾向がある）。

自己資本比率を上げる方法は、たった2つしかありません。

①「増資をすること」

②「本業の利益を増やすこと」

日本レーザーは35年間増資をしていませんので、「**純利益**」によって自己資本比率を高めています。

本業で稼ぎ、利益を積み上げる。そして借入金を返済する。借入れをしている限り、自己資本比率を上げるのは難しい。

借入金を返済するのも、自己資本比率を上げるのも、B／Sをキレイにするのも、結局は「**本業で頑張る**」しかないのです。

25年連続黒字化の3つのポイント

①「販路を広げる」「新規顧客を獲得する」「コストカットをする」という自助努力に注力して、絶対に「リスケ」はしない

②「本業の売上を伸ばす」のが黒字化の基本戦略

③迫りくる非常事態を察知したら、社員からの反対が上がったとしても、コスト削減に踏み切る。人を大切にする経営とは、社員を甘やかすことではない。どんな事態になっても社員の雇用を守ることである

16

個人保証の修羅場

親会社から独立したとき、「6億円」の個人保証をしたワケ

✸「個人保証するなら、離婚もやむなしだわ！」

サラリーマン経営者も、大企業のトップも、金融機関から個人保証を求められることは稀です。しかし、中小企業の社長である私は、経営に関わるさまざまな場面で、個人保証を求められました。

●外国人社員が日本でアパートを借りるときは、その駐在員の保証人になることが求められる。会社としての保証人は認められない

●会社の社有車を廃止してリースにしたが、そのときも社長の個人保証を求められた

●ツケで給油するガソリンスタンドからも会社の保証ではなく、社長の個人保証を求め

られた

こうした個人保証にもリスクはありますが、日本レーザーの独立後に金融機関から求められた個人保証は、その後の私の「大きな悩み」となりました。

独立時点で、日本レーザーには運転資金として使う**「約6億円」の借入れ**がありました。買収にともない日本電子は保証を引き上げていたため、独立後は社長である私の「個人保証」を求められたのです。

私がメインバンクに対して日本レーザーの借入金を保証し、日本レーザーがJLCホールディングスの買取資金を保証するこのスキームは、非常にリスクが高い。日本レーザーが利益を上げられなければ、**会社は倒産。私も〝自己破産〟**になるからです。

大きなリスクはありますが、私に迷いはありませんでした。社員のモチベーションを上げるには個人保証をするしかない。そう思って妻に説明をすると、**猛反対**されました。

「独立するのだってリスクがあるのに、どうして個人保証までする必要があるの？　私はサラリーマンと結婚したのであって、会社のために個人保証するような人間と結婚したんじゃない！　**個人保証するなら、離婚もやむなしだわ！**」

怒るのも無理はありません。妻にはその場で「個人保証はしない」と約束しましたが、**結局、内緒でやりました**（笑）。

このように書くと、きれいごとに聞こえますが、実際には相当悩み続けました。

そこで、独持のバイオエネルギー理論の応用で経営指導をしていただいているベックスコーポレーションの香川哲《かがわさとし》会長に相談したところ、「近藤さんの潜在意識が活性化しているから大丈夫だ」と背中を押されて決断しました。

人間、自分では人生を賭けて決断するときにも不安は消えません。そうしたときにお金を払ってでも、**親身になって適切なアドバイスをしてくれる存在（個人でも法人でも）**は持つべきだと思いました。

独立しなければ、私のすべてを賭けて再建した日本レーザーが、また空中分解してしまうという**ギリギリの状況下での決断**でした。

社長は腹をくくってやるしかないときがあります。

相当の覚悟を持って巨額の個人保証を引き受け、「当たり前の努力」を愚直にやり続けた結果、本業の利益を上げ、借入金を返済し、個人保証を外してもらうことができたのです。

✸銀行と利害が対立することも

独立成功後、私が個人の口座を持っているメガバンクの支店長から、

「日本レーザーの法人のほうも口座を開いてほしい」

と頼まれたことがありました。

日本レーザーは、すでに2つのメガバンクと取引していたので必要はなかったのですが、

「どうしても取引をお願いします」と懇願されたので口座を開設することにしました。

預金額は、**5000万円**。数か月、そのまま動かさずに預けていたのですが、銀行担当者から次のように相談されました。

「近藤さん、ただ預けているだけではなく、お金を借りていただけませんか？」

私が「いくら借りてほしいのですか？」と尋ねると、「5000万円」だと言う。私は釈然とせず、「低金利で銀行に5000万円を預けているのに、高金利で銀行から5000万円借り入れたら、こちらは損をしますよね？」と疑問を口にすると、「そこをなんとかお願いします」と食い下がってきたのです。私は、一度は融資を受けることを検討しま

した。しかし、担当者の「あるひと言」を聞いて、きっぱりとお断りしました。

「借りていただくときは、**近藤さんの個人保証**をお願いします」

6億円の運転資金と、1億5000万円の買取資金を「リスケすることなく完済」して以降、日本レーザーの財務力、信用力は金融機関から高く評価され、銀行と取引をするときは、**無担保・無保証**になっています。そのことを担当者に告げ、

「そもそも御行が当社の口座を開けたのは誰のおかげですか？　私の個人口座のおかげですよね」

と突っぱねたら、数日後上司が「失礼なことを申し上げた」と謝りにきたので、個人保証なしでの借入れを渋々受け入れました。

ところが、数か月後、同行の営業担当常務が来社し、こう言ったのです。

「社長、当行と初めて取引をする中小企業で個人保証に応じなかったのは、日本広しといえども、あなたのところが初めてです」

銀行の思い上がりも甚《はなは》だしい。銀行が個人保証を求めるのは、日本レーザーを信用して

いないからです。**私たちのことを信用しない銀行を、私たちが信用することはできません。**この出来事以降、お互いに信頼し合い、対等な関係で取引ができる金融機関を大切にしています。

✸個人保証は、必ず外せる

個人保証は、融資を通りやすくする一方で、**４つのデメリット**があります。

①事業が拡大して借入れが大きくなれば、個人資産ではカバーしきれない
②個人保証があるため、事業をやめるにやめられなくなり、さらに借入れを増やしてしまう悪循環に陥るリスクがある
③事業承継の際、個人保証を求められると後継者が引いてしまう（当社でもこれは問題だった）。スムーズな事業承継を妨げる
④経営がどうにもならない状況に陥った場合に、早期の事業再生が阻害される

したがって、経営者は「**個人保証なしで、融資を受ける**」企業努力をすべきです。「個人保証は外せない」「融資を受けるとき、個人保証するのは当たり前」と考えていると、痛い目に遭います。

たとえば、「**経営者保証に関するガイドライン**」を活用すれば、個人保証を外したり、個人保証なしでの借入れが可能となったりするケースがあります。

「債務超過の場合」、あるいは「2年連続、減価償却前の経常利益が赤字の場合」は個人保証を外せませんが、次の要件を満たしていれば、無担保・無保証による融資が可能です(中小企業庁ホームページ参照)。

●融資を受ける中小企業とその保証人である経営者個人の資産・経理が明確に分離されている
●法人と経営者との間の資金のやりとりが、社会通念上適切な範囲を超えない
●法人のみの資産・収益力で借入返済が可能と判断し得る
●自社の財務状況を正確に把握し、金融機関などからの情報開示要請に応じて、資産・負債の状況、事業計画、業績見通しなどの情報を正確かつ丁寧に説明できる

私は再建に取り組んだときから、**今日でも四半期ごとに、財務担当役員と取引銀行に赴《おもむ》**

き、決算報告と市場状況、今後の事業展望等を30分~1時間ほどかけて説明してきます。

現在は4行と取引があるので、半日~一日がかりで報告しています。

このように金融機関の疑問に常に答える努力を続けることで、困ったときにも個人保証なしで融資してくれるのです。

個人保証を外すには、「財務基盤の強化」＝「本業での利益増」が不可欠ですが、**きちんと説明責任を果たす**ことも大切です。

本業で利益を上げ、B/Sをキレイにして、強い財務体質をつくる。

それが健全に会社を経営するための絶対条件です。

25年連続黒字化の3つのポイント

① **中小企業経営に個人保証はつきものだが、なるべく応じないことが大切。他人、他社の連帯保証人にもなってはいけない**

② **「経営者保証ガイドライン」を活用すれば、個人保証を外したり、個人保証なしでの借入れが可能となったりするケースがある**

③ **個人保証を外すには、「本業での利益増」に注力し、B/Sをキレイにする必要がある**

銀行交渉の修羅場

17 借金のない会社より、借金のある会社のほうが強い

✸「無借金経営」と「実質無借金経営」は大きく違う

日本レーザーは「無借金経営」です。

厳密に言えば、「**実質**無借金経営」です。

現在、自己資本比率は55％で、現預金と金融資産は合計**12億円**あります。有利子負債（会社の負債のうち、利子をつけて返済しなければならない負債）は4億円ですので、**3倍の自己資金**を持っています。

直近の決算で有利子負債が増え、自己資本比率が若干低下したのは、銀行から0・5％程度で借りて、それを利回り3〜4％程度で運用して金融資産を増やす努力をしているか

らです。単純に無借金経営や自己資本比率アップを目指す経営がいいわけではありません。潤沢な手元資金があるのに、どうして有利子負債がある（融資を受けている）のかといえば、「万が一のリスクに備えるため」です。

銀行からの融資を一切受けないのは、長い目で見たとき、よい作戦とはいえません。なぜなら、「お金を借りて、きちんと返済した」実績を積み上げておかないと、**「借りたいときに、借りられない」**ことがあるからです。

銀行との関係が深くなると、銀行から「ご協力お願いします（借りてください）」と融資を持ちかけられることがあります。

そんなとき私は、無下《むげ》に断らずに、「おつき合いで借りる」ことがあります（個人保証なしで）。

当社では、3月頭に借りて、3月末に返済することもあります。

「すぐに返済するなら、わざわざ借りる必要はないじゃないか。金利がもったいない」と思われるかもしれませんが、金利以上に**「借りた実績をつくっておく」**ことが大切です。

銀行側としては、「年度をまたいで貸した」という実績をほしいというときもある。でも、こちらとしては、年度末の決算書に借入金が増えたと記載したくない。そんなときは当月借入れ、月末返済もありです。

いずれにせよ、短期間でも金利を負担することになりますが、「借りて、返済した」という実績が銀行に残ります。

銀行が融資を行う際、**過去の取引実績**が重要な判断要素となる。「一度も借りてくれたことがない会社」と「定期的に借入れして、リスケもせずにきちんと返済してくれる会社」があれば、銀行が後者にお金を貸すのは当然でしょう。

✸無借金経営は誇れることではない

基本的に私は、「実力で利益を上げる」「本業で利益を残す」べきだと考えています。

しかし、独立時の日本レーザーのように、銀行の手を借りなければ、「自分の想いを具現化できない」ときが必ずあります。

順調な事業であっても、長く経営を続けていれば資金に窮する局面はある。そのときのために、**「必要のないお金」も借りておき、銀行との関係を良好に保つ**ことが大切です。

私は「借入れが一切ない、完全な無借金経営が理想」だとも、「無借金経営の社長は優秀」だとも思っていません。無借金経営を自慢する経営者もいますが、むしろ「**無借金経営は、恥ずかしいこと**」だと考えています。なぜなら、「将来のリスクに備えていない」からです。

現預金は会社にとって「血液」ともいえる重要な資産。血液がめぐらなければ、死んで（倒産して）しまいます。だとすれば、

●「借入れをしてでも、現預金を蓄えておく」

●「銀行から融資を受けられるように、関係を構築しておく」

のが、正しい経営判断です。

私が目指しているのは、

「**いつでもお金を借りられて、いつでも返済できる『実質無借金経営』の会社**」

なのです。

✸「長期借入金」より「私募債」を選んだ3つの理由

日本レーザーが資金調達をするとき（あるいは、銀行と「おつき合い」するとき）に活用しているのが、**「私募債」**と**「コミットメントライン」**です。

- **私募債**……証券会社を通じて広く一般に募集される公募債とは違い、少数の投資家が直接引き受ける社債のこと（私募債は銀行借入れではなく、有価証券）

私募債には、50人未満の投資家に債券を発行する「少人数私募債」と、金融機関に所属するプロの機関投資家だけに発行する「銀行引受私募債」があります。日本レーザーが利用しているのは、**「銀行引受私募債」**です。

私募債が銀行の借入金と大きく違うのは、**一定期日ごとに「利息のみ」を償還（返済）し、償還期限に元本を返還すればいい**ことです（満期一括償還で、中途での繰上償還はできない）。

日本レーザーが私募債を発行した理由は次の3つです。

理由1　企業のイメージアップのため

銀行の私募債は審査があり、手数料を支払うデメリットがあります。

しかし、国が定めた適正基準を満たした企業が対象なので、**「企業イメージと知名度の向上」**を図れます。私募債は一定の財務水準のある企業から発行されているため、「優良企業」の評価が得られます。

理由2　安定的な資金調達のため

金利環境によっては、**低利で安定的な資金調達**ができます（**現在、5年間の無担保・無保証**）。

理由3　新社長に個人保証をさせないため

長期借入金をやめて私募債を発行したのは、長期借入金だと、私の後継者が銀行から**個人保証**を要求されるからです。

後継者への事業承継を考え始めた頃、参考までに銀行の支店長に尋ねたことがあります。

「今、日本レーザーは無担保・無保証でお金を借りられていますが、社長が交代したあとはどうなりますか？」

すると、支店長は、**個人保証を「取る」**と言い切りました。

「近藤さんは、実績も信用もある。だから無保証で貸し付けています。でも、次の社長に、近藤さんと同じような実力があるか、まだわからない。

たとえ同じビジネスモデルでも、社長の腕によって業績は大きく変わります。会社は、社長次第で変わります。日本レーザーだって、近藤さんが社長になるまでは、赤字が続いていたわけですよね。

次の人が近藤さんと同じだけの覚悟を持って社長を務めることができるのか。新社長の真剣度を見るためにも、申し訳ありませんが、個人保証を取らせていただきます」

そこで、私が社長の間に「**5年**」**の私募債**を発行することにしました。

私募債を一度発行すれば、その間に社長が交代しても、新社長が個人保証を求められることはありません。

私の信用があるうちに（私が社長のうちに）私募債を発行し、**償還までの間に新社長の実力を示す**。そして、銀行に「新社長も、近藤と同じくらいの覚悟がある」「黒字を出し続けるだけの実力がある」ことを認めさせられれば、償還後に資金調達をするときも、個人保証を求められることはないはずです。

日本レーザーは、「私募債」を発行しても、**それを上回るキャッシュポジション**で実質無借金経営を実現しています。

✹中小企業こそ、いつでも融資が受けられる「コミットメントライン」を

私募債は、発行するときに手数料を取られます。かつて日本レーザーは、4行に対して「銀行引受私募債」を発行していました。

オールインコスト（企業が社債などを発行するときに発生する費用の合計額／この場合は、発行にかかる手数料と5年間の金利）を考えると、割安とはいいがたい。そこで、他の資金調達法を計算したところ**「コミットメントライン」のほうが金利を低く**できることがわかりました。

●**コミットメントライン**……「銀行融資枠」と呼ばれる融資方法

企業と金融機関が、あらかじめ「コミットメントライン」と呼ばれる融資の限度枠を設定します。そして、期間内であれば、この枠内で審査などの手続きを必要とせず、「いつでも融資を約束（コミット）する」という契約です。

短期・長期の借入金だと、銀行に融資を申し込んだ際、「何のための資金調達なのか」を聞かれます。すると、「設備投資なら貸すけれど、運転資金では貸せない」というように、理由によっては貸してもらえないことがある。しかし、**コミットメントラインは、「どんな理由でも、電話一本で資金調達できる**」のです。

とはいえ、日本レーザーは潤沢な現預金を持っているので、実際に使うことはなかったのですが、銀行の担当者から「使っていただかないと社内でも示しがつきませんから、申し訳ありませんが、使っていただけませんか？」と相談があり、現在は銀行との良好な関係を続ける意味で、3億円の融資枠の中から1億円だけを使っています。

コミットメントラインの場合、銀行は実際の融資がなくても、融資契約枠に対して**手数料**を取ります。さらに融資を行えば、その融資金額に対して**利息**を取ります。

企業としては、手数料と利息を支払うので割高に感じるかもしれません（それでも私募債よりも負担は少ない）。

しかし、**安定的な資金確保**ができますし、**必要なときだけ資金を借り入れられるので、B／Sの資産・負債を圧縮**することができます。

✸融資が通る社長と通らない社長、どこが違う？

これまで数多くの経営者と接してきましたが、銀行から融資を受けられる社長（私募債やコミットメントラインの契約が結べる社長）と、融資を受けられない社長には、どのような差があるのでしょうか。

銀行の融資担当者や支店長は、次の3つを見て、「融資をするか、しないか」「信用できる社長か、否か」を判断しています。

●融資の判断基準

❶社長の表情（社長の覚悟）

……社長の覚悟は、顔に出ます。社長の表情は、数字には表せないものですが、**銀行を**

説得するうえで最も大切だと思っています。

社長がどんな夢を持っているか。その夢を具現化するために、どんな方針を持っているのかを見極めながら、**「信じるに値する社長かどうか」**を銀行は日々判断しています。

❷決算書

……自社の決算書の作成を税理士任せにする、決算書に無頓着な経営者は、融資を受けるのが難しくなります。決算書では、次の項目をチェックされます。

●売上・利益

売上、売上総利益（粗利益）、営業利益、経常利益の推移の状況。

●自己資本

純資産額、自己資本比率（純資産÷総資産）、増資の状況。

●現預金残高

資金繰りがひっ迫していないか、粉飾の可能性はないか。

●売掛金／買掛金の状況

売掛金と買掛金が、平均月商に対して何か月分あるか。

●棚卸資産の状況

棚卸資産が急増していないか、不良在庫が発生していないか。

●固定資産と自己資本との比較

不動産などの含み益や含み損はないか。

●借入金の状況

借入金は増えていないか、借入先は変化していないか。

●仮払金や短期貸付金の状況

代表者などへの貸付金はあるか。

●減価償却費

償却資産に対して適正に減価償却費が計上されているか。

③中期事業計画

……中期事業計画とは、3〜5年間の事業計画です。B/SとP/Lの予測、どのように売上・利益を改善するかなどを銀行は見ています。

売上計画、回収・支払計画、経費計画、人事計画、資金計画、キャッシュフローのポイントを押さえた計画書づくりが必要になります。

ただし、中期事業計画は、あくまでも「銀行への建前」であって、**「実際の経営の拠りどころにする必要はない」**のです。

日本レーザーも中期事業計画を策定してはいますが、中期事業計画の数字は「目安」でしかなく、「絶対に達成しなければならない目標」ではありません。数字を絶対視すれば、社員へのノルマになります。

社内向けには、毎年経営計画を策定して、1月に4行の担当者、知り合いの経営コンサルタント、大学教授、親しい社長らを招待して**「経営計画発表会」**を開催しています。

この発表会・懇親会でグループごとの社員の自主的な事業計画を共有しているのです。

✸「赤字は犯罪」です

私は、**「赤字は犯罪」**だと考えています。なぜなら、会社が赤字になれば、**雇用不安を引き起こすから**です。大企業の労働組合の執行委員長を務めた経験から、雇用者をひとりでも多く確保するには、「会社を『黒字』にして、事業を存続させるしかない」のです。

大事なのは、**どんなに苦しいときでも「黒字」にする**ことです。

私の中では、「黒字にすること」と、「売上を伸ばす（粗利益額を増やす）」ことは、必ずしもイコールではありません。

私にとっては、**「会社を赤字にしない（黒字にする）」ことが大切なのであって、売上や粗利益額を増やすのは二の次**です。「人を大切にする」ための経営に邁進し、その結果として中期事業計画の数字に近づいていれば、御の字です。

数字目標を掲げると、「数字を達成すること」「増収増益を目指すこと」が会社の目的になってしまいます。

私が会社経営をする目的は、**「社員を雇用し、働くことでしか得られない喜びを提供する」**ことです。お金は、その目的を達成するための手段にすぎません。この目的と手段を間違う社長が多いので注意してください。

もちろん、日本レーザーにも数値目標があります。当社のクレド（経営理念、ミッション、価値観、経営方針などを言明したもの）には、こう明記されています。

「JLCは40億円（￥100／$）の受注・売上を数年内に達成し、近い将来50億円（￥100／$）を成し遂げます」

「ＪＬＣグループは、長期的にはＪＬＣホールディング傘下に数社の企業を加えることで１００億円（¥１００／$）の年間売上を目指します」

しかし、「近い将来」「長期的には」という言い回しをしていて、「いつまでに」と**期限を明確にはしていません**。毎年、外部環境も社内環境も為替レートも取引先の状況も、絶えず変化しています。

大切なのは、**どのような変化に見舞われても、きちんと対応して「黒字にする」**ことです。

たとえば、「２０２０年までに売上を50億円にする」と事業計画で期限を決めてしまうと、その数字を達成するために、数字だけを追いかけて無理をするようになる。

社員の犠牲のうえに売上を上げるのは、本末転倒です。

大切なのは、中期計画を立てることではなく、環境の変化に対応しながら、1年ごとに「**赤字にならない経営」を続ける**こと。それができれば雇用は守れますし、無理にお金を借りる必要もありません。

✸ 一行取引は危険！ 都銀、地銀含め3行と取引を

日本レーザーは、創業から1997年まで、一行の銀行としか取引実績がありませんでした。現在は「4行」と取引をしています。

中小企業の場合、3行**（そのうち一行は都銀、一行は地銀**を入れておく）と取引をしておきたいところです。

ひとつの金融機関に依存するとリスクが大きく、融資を断られた場合、資金ショートするリスクが高くなります。

また、一行取引の場合、借り換えリスクが少ないため、銀行からの融資条件、返済条件が厳しくなったり、銀行員の出向先（天下り先）になる危険性もあったりします。よって、普段から複数行と取引をしたほうが安全です。

複数の銀行と取引していれば、相見積もりを取ることで、有利な金利・返済条件で融資を受けることも可能だからです。

25年連続黒字化の3つのポイント

① 無借金経営は、恥ずかしいことである。「借入れをしてでも、現預金を蓄えておく」「銀行から融資を受けられるように、関係を構築しておく」ことが大切

② 「いつでもお金を借りられて、いつでも返済できる『実質無借金経営』の会社」は優秀な会社である

③ 「私募債」や「コミットメントライン」を活用して、安定的な資金調達に努める

18 決算期の修羅場

最悪の「3月決算」、最高の「12月決算」！
決算期を変えただけで、こんなにも天国と地獄！

✸「3月決算」があなたの会社を修羅場にする

日本企業の多くは「3月決算」です。しかし私は、
●「3月決算は会社のリスクを大きくする」
●「3月決算は、資金繰りの修羅場を生み出しかねない」
と思っています。

かつての日本レーザーも3月決算でしたが、**3月の決算期は我々にとって「最悪」**だったため、現在は「**12月決算**」にしています。

なぜ、3月は「最悪」なのか？　その理由は「3つ」あります。

①受注と納品が集中する
②納税によってキャッシュフローが悪化する
③追徴金を支払うことになりかねない

❶受注と納品が集中する

当社の顧客である大学、官公庁、国、地方自治体、主要企業は、ほとんどが3月決算です。そうなると、期末の予算でレーザー機器を購入するため、3月に受注と納品が集中します。当社としても全力で対応しますが、それでも本当に3月に納入できるのか、納入できても検収（点検）が終わるのかわかりません。

仮に当社が「3月に売上を立てないと赤字になる」状況のときに、検収がうまく終わらずに4月にズレ込んでしまうと、「3月決算時に赤字」が確定します（検収が終わってからでなければ支払いが確定しないため）。すると、銀行からの信用格付けも下がります。

一方、3月に大きな利益が出ると、**その半分の利益は税金**で持っていかれます。3月決算の場合、売上を立てても、立てなくても、財務上のマイナスが生じかねないのです。

❷納税によってキャッシュフローが悪化する

3月に一番売上が上がり、大きな利益が出た状態で決算になると、**「2か月後の5月」にたくさんの法人税**を支払わなければなりません。

しかし、5月では売掛金の回収ができていないため、「利益が出すぎたために税金が払えず、決算資金（納税の資金）を銀行から借りる」という事態に陥りかねません。

実際、納税のためにメインバンクから「決算資金」を借りたこともあります。

❸追徴金を支払うことになりかねない

3月に受注して4月に納品した場合、当社としては「まだ検収が終わっていないので、4月に売上計上したい」と考えます。

ところがそれをすると、税務署から**「利益逃れ」**と指摘されることがある。なぜなら、「実際に検収が終わったのは4月だけれど、顧客が仕入れた（発注した）のは3月だから」です。私たちが4月に売上計上しても、顧客が「3月の仕入れ」にしていた場合、「期ズレ」を認定され、追徴金を払うことになります。

税務署員は当社の取引先の大手上場企業にも行って、3月に形式上の購入（経理検収という）をしたことを確認しますので、逆らえません。顧客のためには、技術検収が終わってから1年間の無償保証がスタートしたほうがいいのでしょうが、年度内に予算を執行したことが重要なのです。3〜4年に一回の税務調査で毎回追徴金を支払い、多いときには**1400万円**も払いました。

しかし、**12月決算に変えて（年度を1〜12月に変更）からは、まったく追徴金を払っていません。**現在の日本レーザーは、かつてのように税務署から指導されることがないばかりか、2017年には**税務調査が入らない「優良申告法人」**（適正な申告と納税がされ、かつ経営内容が優良で問題ないとして表敬される法人）に認定されました。

新宿税務署管内には2万数千社の企業がありますが、そのうち「優良申告法人」はたったの**109社（およそ0・4％程度）**。日本レーザーは、そのうちの一社に選ばれています。

日本レーザーが109社中の一社になれたのは、

「雇用不安を引き起こす**赤字は犯罪行為**である。利益を出すからこそ、**社員に成長のチャンス**を与えることができる。そして企業は社会の公器なのだから、**利益を出して税金**を支払わなければならない」

と肝に銘じ、経営の健全化に努めてきたからです。

✸3月決算より「12月決算」がこれほどよい理由

こうした理由から、2007年の独立後に決算期を「**12月決算で1月からスタート**」に変更しました。その結果、

- 納品が4月にズレ込んでも、決算書の数字は変わらない
- 「期ズレ」による追徴金がなくなる
- 第1四半期（1〜3月）の段階で予想以上の売上が立った場合、4月に安心して昇給できる（賞与も払える）。展示会にもたくさん参加できるので、見込客を獲得できる
- 第1四半期の売上が悪かった場合、残りがまだ9か月あるので、対策が立てられる（ボーナスの抑制、経営幹部の年収カット、海外出張や展示会の数を減らすなど）。毎年必ず黒字にする仕組みを制度化

といったように、「**3月決算」による弊害がすべて解決**したのです。

当社の2018年12月期のB／Sは、倒産寸前だった1993年3月期と比べ、**売上3**

（単位：千円）

	科目	1993年3月期（第25期）	2018年12月期（第51期）	増減	伸び率（%）
負債の部	流動負債	[614,622]	[575,602]	[△39,021]	-6.3
	買掛金	196,450	219,759	23,309	11.9
	未払金	17,401	33,541	16,140	92.8
	未払費用	0	8,735	8,735	-
	未払消費税等	0	27,186	27,186	-
	未払法人税等	0	28,914	28,914	-
	前受金	12,784	25,791	13,007	101.7
	短期借入金	365,000	200,000	△165,000	-45.2
	預り金	1,482	3,236	1,754	118.4
	賞与引当金	21,506	28,440	6,934	32.2
	固定負債	[112,561]	[422,353]	[309,792]	275.2
	長期借入金	99,000	0	△99,000	-100.0
	社債	0	200,000	200,000	-
	退職給付引当金	13,561	72,011	58,450	431.0
	役員退職慰労引当金	0	150,342	150,342	-
負債合計		727,184	997,955	270,771	37.2
純資産の部	株主資本	[44,085]	[1,216,482]	[1,172,397]	2659.4
	（資本金）	(30,000)	(30,000)	(0)	0.0
	（資本剰余金）	(0)	(100)	(100)	-
	自己株式処分差益	0	100	100	-
	（利益剰余金）	(14,085)	(1,186,382)	(1,172,297)	8323.1
	利益準備金	3,940	7,500	3,560	90.4
	その他利益剰余金	10,145	1,178,882	1,168,737	11520.5
	別途積立金	81,000	1,029,000	948,000	1170.4
	繰越利益剰余金	△70,855	149,882	220,737	311.5
純資産合計		44,085	1,216,482	1,172,397	2659.4
負債及び純資産合計		771,268	2,214,437	1,443,169	187.1
自己資本比率（%）		5.7	54.9	49.2	861.1

主要項目の変動

●現金及び預金：【51期】25年連続黒字（利益剰余金増加）により現預金は堅調に増加　●売掛金：【25期】売上11億54万円。3月決算だったため、期末に売掛金が集中　【51期】売上33億1794万9000円。売上は3倍となったが12月決算に変更したことにより、売掛金を微増に抑制　●投資有価証券：【51期】潤沢な資金を元手に投資活動を活発化　●生命保険積立金：【51期】毎年の利益対策として保険積立金を戦略的に行い、内部留保を厚くする　●有利子負債（短期・長期の借入金・社債）：【25期】借入金合計4億6500万円に対して、現預金・金融資産合計は1億7500万円とほぼ3分の1　【51期】借入金・社債合計4億円の3.3倍の現預金・金融資産があり、実質無借金経営　●利益剰余金：【51期】25年連続黒字により、利益剰余金は84倍に　●繰越利益剰余金：【25期】創業以来の危機に面した年であり、前年度に続き損失を計上　●資産合計：【51期】純資産は約28倍に　●自己資本比率：【25期】親会社（日本電子）への配当に加え連続損失により、5.7%まで下落　【51期】MEBOによる親会社からの独立に加え、25年連続黒字により54.9%まで上昇

図10 日本レーザーの1993年3月期と2018年12月期のB/S比較

（単位：千円）

	科目	1993年3月期（第25期）	2018年12月期（第51期）	増減	伸び率（%）
資産の部	流動資産	[702,614]	[1,396,522]	[693,908]	98.8
	現金及び預金	121,527	543,853	422,327	347.5
	受取手形	94,252	22,799	△71,453	-75.8
	売掛金	319,369	368,309	48,941	15.3
	商品	166,129	345,129	179,000	107.7
	前払費用他	7,338	120,253	112,914	1538.7
	貸倒引当金	△6,001	△3,821	△2,180	-36.3
	固定資産	[68,655]	[817,915]	[749,261]	1091.3
	（有形固定資産）	(13,114)	(35,887)	(22,773)	173.6
	工具器具備品他	13,114	35,887	22,773	173.6
	（無形固定資産）	(1,433)	(6,293)	(4,860)	339.2
	電話加入権	1,433	1,929	496	34.6
	ソフトウェア	0	4,364	4,364	-
	（投資その他の資産）	(54,108)	(775,735)	(721,628)	1333.7
	投資有価証券	12,000	311,210	299,210	2493.4
	保証金	39,880	20,670	△19,210	-48.2
	生命保険積立金	2,228	366,294	364,066	16340.4
	長期繰延税金資産	0	77,562	77,562	-
資産合計		771,268	2,214,437	1,443,169	187.1

倍、自己資本比率約10倍、純資産約28倍、25年連続黒字となりました（↓前ページ）。

その原動力のひとつとして、「12月決算」に変更したメリットは非常に大きかったのです。

✸「最も利益が出る月」を「第1四半期」に入れよう

3月決算をやめたことで資金繰りは安定しましたが、独立した2007年に限っては、**地獄**でした。親会社の事情もあり、2007年3月期は従来どおりの決算で、連結決算をしました。


したがって、独立後1年目の当社の決算は、4～12月の「9か月間」だけです。

これがなぜ大変だったかというと、**一番売上を計上でき、利益も確保できる1～3月がない**からです。


9か月間経費を削り、必死になって注文を取り、独立1年目の決算で、ようやく2800万円の利益を出すことができました。しかし、この利益ではJLCホールディングスに1000万円程度の配当しかできず、銀行借入金返済の3000万円には遠く及ばない。

そこで、日本レーザーからJLCホールディングスに2000万円ほど貸し付けて1年目の返済をしました。

こうした経験から、中小企業は最も利益が出る月を最終四半期にするのではなく、**「最も利益が出る月を第1四半期に入れる」**と銀行の格付けも資金繰りも安定します。

25年連続黒字化の3つのポイント

① 多くの経常利益が得られる月を「年度末ではなく、年度のはじめ」にすることで、期末の売掛金を削減でき、キャッシュフローがよくなる（日本では、予算年度が3月末であり、顧客の会計年度も3月末が多いので、3月に売上が集中する結果、期末の売掛金が多くなる）

② 3月決算だと、3月末に得られる多くの利益に課税されるので、税金を支払うために資金繰りがタイトになる。決算期を変更することでその苦痛を防げる

③ 最も利益が出る月を第1四半期に入れると、第1四半期の売上が悪かった場合、残りがまだ9か月もあるので、対策が立てられる

19 値決めの修羅場

「売上主義」から「粗利益主義」へ！中小企業でも成果主義がうまくいく秘策

✸「売上」ではなく「粗利益額」を重視する理由

日本レーザーは、現在、過剰な値引きを避けるため、「売上重視」ではなく**「粗利益額重視」**の経営をしています。

売上に対する社員ひとり当たりの粗利益率は非常に高く、**約25%**です。

粗利益額は、「量×粗利益率」で決まります。したがって、当社には、「売るのは苦労するが、粗利益率は高い製品」を扱って粗利益額を増やそうとする社員もいれば、「売るのはそれほど苦労しないが、粗利益率は低い製品」をたくさん売って粗利益額を増やそうとする社員もいます。どちらでもかまいません。

ある海外メーカー（Ｌ社）が日本法人（Ｌジャパン社）を立ち上げたときのことです。

Ｌジャパン社には、すべての製品を自社だけで提供する実力がなかったため、今でも「日本レーザーが、Ｌジャパン社から仕入れて販売する」形を取っています。

Ｌ社から直接仕入れて販売した場合、粗利益率は25％。しかし、Ｌジャパン社から仕入れると、粗利益率は15％まで下がってしまいます。粗利益率が15％だと1年間の無償サービス保証や納入コストなどを考えれば、ギリギリ利益が出る程度です。

ところが、粗利益率は下がっているのに、粗利益額は伸びています。なぜ伸びているのかといえば、Ｌ社を担当する日本レーザーの社員2人が、「粗利益率が低くなるのであれば、量を増やせばいい」と考え、販路を広げたからです。

その結果、２０１８年には、**直接輸入していた時代の記録を超える台数と金額（7億円）の受注を達成**しました。

✸粗利益額の決め手！「売価」は現場の社員が決める

粗利益額を増やすために、**一番問題なのは「値決め」**です。つまり、「いくらで売るか」

です。

中小企業の場合、たいていは「社長」や「営業部長」が、「これくらいのコストがかかるから、定価設定はこうしよう」と値決めをします。ところが、実際にその商品を販売する人の意見が反映されていないと、現場のモチベーションはまったく上がりません。

日本レーザーでは、定価（希望小売価格）を設定するときに、営業本部長だけでなく、**実際にその商品を販売する営業員の意見も反映**させるようにしています。

定価は会社として決めていますが、為替レートが円安になれば、それだけコストがかかりますから、定価改定をすることもあります。

実際の販売価格は、営業員本人に任せています。

値引きしすぎると粗利益額が低くなってしまうので、為替レートを考慮に入れながら、「ここまでは譲れるけれど、これ以上は譲れない」という価格を各自で決めています。

実勢売価を「社員任せ」にできるのは、社員が当事者意識を持って、**「粗利益で考えなければ、会社は黒字にならない」**ことを骨身で理解しているからです。

✸成果主義でも、こうすれば、一切揉めない

レーザー専門の輸入商社のビジネスモデルでは、従来の「男性中心で、学歴別、年次別の年功序列制度」では限界があります。

グローバル企業として、外国人でも、女性でも、シニアでも戦力となって貢献してもらうために必要なのは、**「成果主義」**です。

受注額に応じた成果主義は、工場の稼働率の向上を通じて本社の原価率改善に貢献しますが、必ずしも利益の増額にはつながりません。

理由は、営業員が「値引き」や「おまけ」をするからです。したがって、受注額だけでボーナス査定をするのではなく、「粗利益」も評価すべきです。

日本レーザーは、受注より**粗利益**を重視しています（受注・売上も海外メーカー対策上、一定の評価はします。海外メーカーの当社への評価は、日本への売上、すなわちまず受注を重視しますので）。

企業再建に取り組んだ2年目から、粗利益に基づくインセンティブを成果賞与として導

入しました。

私が日本レーザーの再建に乗り出す以前、賞与の計算式と実態は、次のとおりでした。

- 夏・冬の賞与は、各自、本給の2・0か月を基準
- 優秀な社員は、2・1か月
- 評価の劣る社員は、1・9か月

この仕組みだと、トップクラスとボトムクラスの差は、たった0・2か月分。本給30万円として、上限が63万円、下限が57万円です。頑張っても頑張らなくてもそれほど「差」がないため、社員のモチベーションは一切上がりません。


そのため、社長就任2年目からは、**賞与に「インセンティブ制度」**を導入しました。

まず、全社で必要な粗利益額を設定したところ、営業員ひとり当たり「3000万円」の粗利益額が必要とわかりました。

そこで、年間3000万円の粗利益額を達成した社員には、**定額の成果賞与を「一律20万円支給する」**とし、**「未達の営業員には一切支給しない」という仕組みを私の独断**で決めたのです。

営業員の半分には、通常賞与の他に20万円が支給されましたが、**わずかに未達でもゼロ**です。しかし、この方法は全社の**反発**を買ったため、3年目からは、さらに精緻な仕組みを設計し、「**粗利益額の3%を成果賞与として支給する**」ことにしています。

たとえば、年間粗利益額が3000万円だった場合、粗利益額の3%は90万円になります。この90万円を営業員と技術員で配分します。

実際に粗利益を稼ぐのは営業員ですが、技術員がデモンストレーションや技術説明を担当するなど、チームの支援やサポートがあるはずです。そこで、商談成立に関わった当事者同士で、3%の粗利益額を分け合っています。こうすると、直接受注を計上しない技術員にもインセンティブがつくため、技術員も受注に貢献するようになります。

毎年、6000〜7000件以上の売上がありますが、**分配で揉めたケースは一件もありません**。

この仕組みは、成果賞与を社長や営業本部長が決定するのではなく、男性でも女性でも若い社員でも、**受注を担当した社員が自主的に決定できる画期的なもの**です。

粗利益額が下がれば、当然、成果賞与の額が減ります。社員は粗利益額が減ることは、自分の実入りに直結しますから、「**値引きをしないで売る努力**」をするようになります。

図11 日本レーザーの2018年度「担当者別粗利益額累計グラフ」(1〜12月)

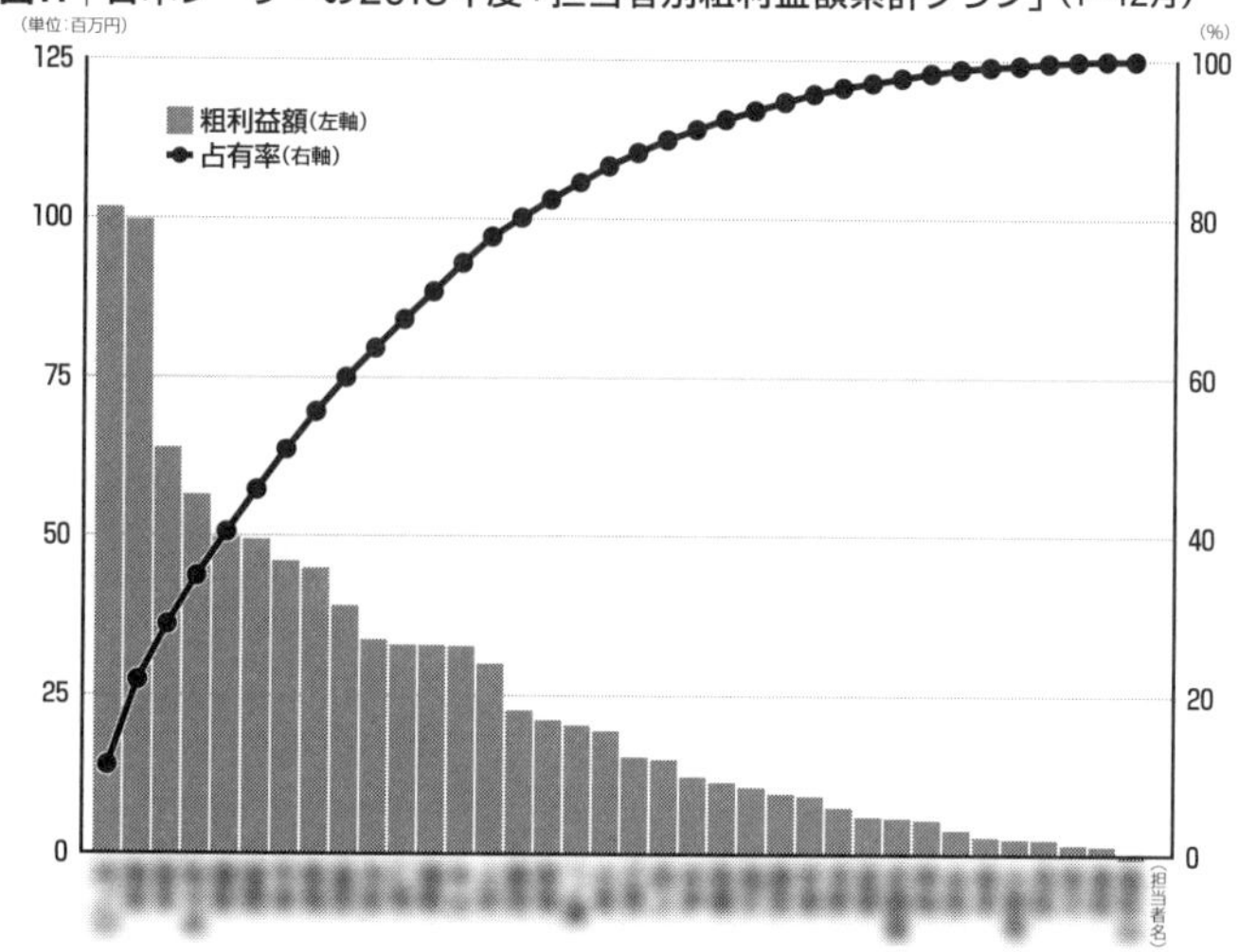

「同一労働同一賃金」が話題になっていますが、これを本当に実現するには、正社員／非正規社員、親会社／子会社の社員、本社採用／現地採用、新卒入社／転職者、男性／女性、日本人／外国人など、いろいろな**日本的雇用制度の前提としての「身分制度」を破壊**しなければなりません。

もしそうした身分制度を破壊して、「同一労働同一賃金」を目指せば、究極的には能力主義と成果主義になります。さらには成績の悪い社員を解雇するための金銭補償ルールが検討されるでしょう。

解雇を前提にするのは、私の考えとは違います。個々の能力や貢献度を反映した待遇で、組織の和も保たれ、チームワークが維持できるのは、当社のような**「進化した日本的経営」の成果主義**しかないと思います。

25年連続黒字化の3つのポイント

①粗利益額を増やすために一番問題なのは、「実際の販売価格をどうするか」である

②年功序列で本給比例の賞与支給は多くの企業で採用されているが、査定部分を努力と貢献度に見合ったものにしないと、優秀な社員が退職していくリスクがある

③貢献度に応じて納得できる格差をつける。その反面、単純な数字での成果主義は逆効果となる

20 犯罪未遂の修羅場

上司を殴った社員、横領した社員にどうやって自己都合で辞めてもらうか？

✸悪行社員に「自己都合」で辞めてもらう方法

私は、人生の喜びは4つあると思っています。

①他の誰かに必要とされること
②他の誰かを助けること
③他の誰かに感謝されること
④他の誰かから愛されること

このうち、①～③の喜びは「働く（仕事をする）」ことで得られる喜びです。

ですから、会社は、

「人を雇用して、働くことで得られる喜びを雇用者に提供する」

ために存在すべきです。

私の理念は、**「生涯雇用」**です。

雇用を犠牲にするような経営をしてはいけません。去っていく人は追いませんが、**私から辞めさせることは絶対にしない**。こちらから辞めさせてしまったら、「働くことで得られる喜び」を提供することができませんから。

私は、1994年に社長に就任して以降、ひとりとして、会社都合で社員を辞めさせたことはありません。

しかし、**愚行を続けて会社の信用を著しく貶《おとし》めた社員を雇用し続けるわけにはいきません**。

そこで私は、悪質な行為を働いた社員2人に**「自己都合」で辞めてもらった**ことがあります。

●ひとり目……暴力行為

私が社長になって半年がすぎた頃、**社内で暴力事件が勃発**しました。事件が起きたのは、JR東京駅のプラットホーム。もともと素行に問題のあった社員が、**酔った勢いで上司を殴り倒してしまった**のです！

「社員同士の酔ったうえでのいさかい」ということで駅員や警察からのおとがめもなく、大きなトラブルにはなりませんでしたが、もし殴られた上司が被害届を出したら、どうなっていたでしょうか？

事件翌日、私は殴った張本人を呼び出して、次のような話をしました。

「殴られた上司が被害届を出せば、キミに前科がつくかもしれない。その場合、会社としてはキミを懲戒処分することになる。仮に懲戒解雇になれば、退職金を出すわけにはいかない。それは覚悟しているよね？」

すると彼は、「反省しているし、今までと同じようには会社に残ることができないのもわかっています。自己都合で退職をします」と言うので、依願退職届を受理しました。

●2人目……詐欺行為

2人目は、お客様に対して、**詐欺まがいの行為**を働いた社員です。

ある会社から、大型システムを受注した際、バックアップ用のパソコン2台が注文書に含まれていました。本来、バックアップ用のパソコンは、1台あれば十分です。けれど彼はお客様に、「バックアップ用のパソコンは2台必要だ」と嘘をついて、2台分の注文書を出させたのです。

そして、「私が1台預かっておけば、当社のほうでもシステムの管理ができます」と嘘を重ね、**パソコンを私物化**しました。

要するに彼は、お客様のお金を使って、自分のパソコンを買った。自分がほしかったパソコンの代金を、お客様の原価に入れていたのです。

私は、彼が会社では用意していない新しいパソコンを使っていることに気づき、問い質《ただ》しました。すると彼が「お客様から借りている」と答えたので、「借用書はあるのか？」と確認したところ、「ない」と言う。やがて彼はシドロモドロになって、ついに「嘘をついていた」ことを白状しました。

私は諭《さと》すように彼に言いました。

「キミは、お客様の所有物を私物化したことになる。仮に相手が被害届を出したら、窃盗罪に問われるかもしれない。前科者になるようであれば、会社としては懲戒処分するしかない。懲戒解雇が決まれば、退職金は出ない。それは覚悟しているよね」

すると彼は、「自己退職なら退職金は出るのですよね。だったら退職届を書きます」と言って依願退職をし、会社を去って行きました。

✸下位20%を切ると、組織力が大幅ダウンする理由

社会通念と照らし合わせて、「犯罪」と認められる愚行を犯す社員を雇用することはできません。一方で私は、「会社都合」で人を切ることもしない。そこで、前述した2人のように、**悪徳社員を「自己都合」へと促して、依願退職をしてもらった**ことがあります。

でも、「能力がない」「実力がない」「健康に不安がある」からという理由で、退職してもらうことは「絶対に」ありません。

日本レーザーの離職率は、この10年間、実質ゼロです。

一般的に、組織の構成比は、

●「上位20％（高い収益や実績・生産性を上げる上位20％のグループ）」
●「中位60％（会社を支える60％の平均的な母集団）」
●「下位20％（上の80％にもたれかかる生産性が低いグループ）」

に分かれる（2－6－2の法則）といわれています。

外資系企業や一部の大企業では、

「下位20％を切って、能力の高い人を新しく採用したほうが、組織力や生産性が向上する」

と考えている人も多い。

●下位を切り、新たに採用した能力の高い社員が上位に入る
●それまでは上位にいた社員が押し出され、中位に落ちる
●それまで中位にいた社員が押し出され、下位に落ちる

すると、2－6－2の構造は同じでも、全体的にレベルアップするというのが外資系・大企業の論理です。

しかし、私は、

「下位の20％を切ってしまうと、かえって組織力が下がる」

と考えています。そう考える理由は2つあります。

❶下位20％を辞めさせてしまうと、残り80％の社員のモチベーションが低下するから

……「下位に落ちたら、リストラされるかもしれない」という不安を抱えていては、会社のために身を粉にして頑張ろうとは思いません。

❷下位20％は、他の社員に気づきを与えてくれる存在だから

……下位20％の社員は、それ以外の社員に、

「誰でも、病気、家庭の事情、加齢その他の理由で下に落ちる可能性がある」

「下位に落ちても、会社は雇用を守ってくれる」

「下位に属する社員であっても、何らかの貢献をしている」

ことを気づかせる**貴重な存在**です。

下位にいる社員の雇用を維持することで、「たとえ下位に落ちたとしても、会社は雇用

を守ってくれる。だから自分たちも、会社に貢献しよう」という**ロイヤリティが醸成**されていくのです。

そもそも「ダメな社員」といわれる下流の2割の社員を生み出した責任は、会社（経営者）にあるのではないでしょうか。

それでも雇用すると覚悟すれば、社員教育、個別指導、面談に力を入れてケアします。

その代わり、手当、評価制度、賃金、年収で差をつけます。**優秀な社員もそうでない社員も全部まとめて大切にするのが、合理的な経営のあり方**です。

25年連続黒字化の3つのポイント

①「能力がない」「実力がない」「健康に不安がある」からといって、リストラはしない

②「2－6－2の法則」の下位20％を切ってしまうと組織力が下がる

③下位20％は、他の社員に気づきを与えてくれる貴重な存在である

21 倒産目前の修羅場

「口約束」の商慣習で倒産危機に直面！背筋も凍る「2億7000万円」未回収事件

大手電機メーカーにキャンセルされた会社の末路

当社とも取引のあった、ある半導体メーカー（A社）の倒産劇は、他人事ではありません。

A社は、大手電機メーカー（B社）から半導体製造装置の開発を受注しました。

ところがB社からは、発注に関する正式な注文書はなく、これまでの商慣習にならって、「納期までにつくってほしい」という口約束だったそうです。

A社は納期に間に合わせるため、社員総出で開発にあたりましたが、「完成まであと少し」という段階で、B社が突然、注文をキャンセルしてきたのです。

実はこれまでも「注文をしておきながら、引き取らない」ことがあったそうですが、A社の社長は、「時にはキャンセルがあるかもしれないが、文句を言って相手の機嫌を損ねたら今後の取引に影響しかねない」とB社を恐れ、「急なキャンセル」を甘んじて受け入れていました。

B社からは「材料費」（キャンセル料）が支払われましたが、人件費などを考慮すると赤字です。もともと財務的な体力に乏しかったA社に、赤字を支える余力は残されていませんでした。

このキャンセルが決定的な打撃となり、A社は民事再生法の適用を申請することになったのです。

✸事前に倒産を説明したら、修羅場に突入！

申請の前日、A社の会長と社長は、「これまで一緒に頑張ってきた社員には、事情を説明しておいたほうがいい。何も知らされずに明日になって、自分の会社の倒産を知るのは酷《こく》だ」と考え、従業員を集めて「明日の朝、民事再生法の適用を申請する。その後は、新しい体制で再建に進む」と説明しました。

会長と社長は、「社員のため」を思って申請前に事情を説明したわけですが、これが完全に裏目に出ました。**この説明が修羅場の引き金**になったのです。

なんと社員たちは、夜な夜な会社に戻ってきて、会社の備品（資産）を持ち出していった。パソコン、電子計測器、テスターなど「売ればお金になる」ものはすべて「略奪」されました。「会社が潰れたら退職金は出ない。民事再生法の適用申請をしたところで、再建できるかもわからない。だったら、金目のものを少しでも取ってオサラバしてやろう」と思ったのでしょう。

これが**倒産の実態**です（結局、民事再生法は適用されませんでした）。

もし私がA社の社長だとしたら、誰にも言わず、ひとりで、秘密裏に、破産処理を進めるでしょう。「事前に説明する」のは、「退職金の代わりに、会社にあるものを持って帰っていいよ」と認めるようなものです。

✸2億7000万円の未回収にどう立ち向かったか

当社もA社と同じような局面に直面し、**間一髪で倒産を免《まぬが》れた**ことがありました。

2003年に、液晶パネルをアニーリング（表面処理）するための「半導体励起固体レーザー」を使った15トンもの大型システムの開発を、大手総合電機メーカー（C社）から依頼されました。

当社で試算したところ、一台開発するのに**約5億円**の予算が必要であることがわかりました。

ところがC社から、「まだ試作段階なので、安くしてほしい。1号機が稼働してから台数を増やし、最低でも5台は御社に発注するので」と頼まれ、**2億7000万円で受注**することにしたのです。

当社が正式な注文書を受け取ったのは9月で、契約納期は翌年（2004年）の3月でした。

短納期にもかかわらず、やっとの思いで納期に間に合わせ、「これから検収を始める」

段階になって、C社が**「契約違反だ」とクレーム**をつけてきたのです。

「3月から液晶パネルの生産に入りたかったのに、これから検収するとなると、工程が大幅にズレ込んでしまう」というのが理由です。

先方は「キャンセルしたい」の一点張りでしたが、当時、日本レーザーには**8億8000万円という史上最高の借入金**があったため、C社から2億7000万円が入ってこなければ、**会社が大きく傾く危険性**がありました。

私はC社に対し、「検収には半年かかるが、御社でも予算化していたわけだから、支払ってほしい」と何度も交渉をしました。最後はこのシステムの開発にあたって、当社と共同で特許を取得されたS博士のご尽力もあって、なんとか支払ってもらえました。

無事に検収が終わったとき、私はC社の担当者に、「この試作機が稼働すれば、当社には次の注文があるわけですよね？」と確認したのですが、担当者は口ごもった。私がそのときに覚えた**違和感は、のちに現実のもの**になります。

そもそも、クリーンルームに入れる10×5m、15トンもの大型システムが半年やそこらで完成できるわけがありません。大手メーカーがみんな断ったプロジェクトです。C社の担当者も年度末までに形式的に納入して検収後、時間をかけて仕上げることは了解済でした。

にもかかわらず、納期遅れを理由にキャンセルの話を持ち出してきたのは、液晶事業の撤退という会社の上層部の方針が浮上したからだったのでしょう。

やがてC社は、液晶事業から撤退し、液晶事業部門をD社に売却することを発表しました。

C社の撤退を機に、当社が半導体励起固体レーザーを使ったシステムを順次納入する話も立ち消えになってしまいました。さらに、C社に設置したそのシステムをD社に移設する費用に、億単位のお金がかかってしまったのです。

この費用も、結局、「**6000万円**」で請け負うことになり、当社は**大赤字**を被りました（さらに、移設したものの、この試作品は本採用にはなりませんでした）。

2003年度、当社の売上は伸びていたのですが、利益はまだ多くは出ていなかったため、もし**2億7000万円を回収できなければ、間違いなく倒産**していたと思います。

これ以降、当社では、大型の特注品はほとんど扱っていません。当時はまだ、日本電子という親会社の保証があったので銀行からの借入れもありましたが、独立後は誰にも頼ることはできません。

後ろ盾を持たない中小企業が大型案件に手を出すと、**たった一度の未回収で倒産に追い込まれる**ことがありますので、注意してください。

25年連続黒字化の3つのポイント

① いくら受注がほしいといっても、実力以上の技術的に困難な受注はすべきではない。チャレンジといっても、リスクを冷静に判断しなければならない

② 資金力も冷静に評価し、万一の場合でも倒産しないだけの手当ての目途をつけておく

③ 大手企業でも自社都合で方針を変更するので、口約束を信用してはならない

22 下請け、孫請けの修羅場

下請け企業から脱皮するたった2つの方法

✸「自社ブランド品」を「新しいチャネル」で販売

下請け、孫請けに甘んじていると、リストラの対象になったり、コストカットを強いられたりして経営が安定しません。

したがって、親会社や取引先との上下関係ではなく、対等の関係に持ち込むことが大切です。下請け、孫請けの中小企業が自主自立して生き残るには、次の2つの方法しかありません。

①「自社ブランド品」を持つ

②「販売網」を広げる

中小企業が生き残るには、自社品・自社ブランドを持ち、それらを独自のチャネルで売る（ただし、下請けや問屋など従来のルートも実績を維持する）しかないのです。

❶「自社ブランド品」を持つ

当社が倒産寸前の局面から再建できた直接的な要因は、大きく2つあります。

ひとつは、「為替レートが極端な円高傾向となり、為替差益で利益を出せた」こと。

そしてもうひとつは、「自社品の光ディスクマスタリング装置を大手光学機器メーカーに販売し、**2億2000万円の売上**を獲得できたこと」です。

そもそも日本レーザーは、日本電子が自社のレーザー開発のために立ち上げた会社ですから、自社品を開発できるだけの技術力を有していました。自社品の光ディスクマスタリング装置の受注がなければ再建できず、日本レーザーは倒産していたかもしれません。

❷「販売網」を広げる

日本の人口はどんどん減っていくわけですから、日本のマーケットだけを相手にしていたら、ジリ貧になっていきます。ですから今後は、販路を「日本の外」にも求める必要があります。

当社のパートナーであるドイツやフランスのレーザーメーカーは、自国は当然のこと、「EU全体でもマーケットは小さい」と考え、**最初から「世界中で売る」**ことを見据えています。まずはヨーロッパで売る、次にアメリカで売る、それからアジアで売ることを考えているのです。

グローバルなマーケットをつくるときに必要なのが、「英語力」です。これからは、英語力なしでは生き延びられません。

英語の資料を読んだり、ビジネスレターを英語で書いたりできる**「情報処理力」**と、英語でのディスカッションができる**「会話力」**（ネイティブのように完璧である必要はない）を磨いていく必要があります。

当社の場合は、展示会（多いときは年間50回）、ウェブを活用したマーケティング、ダイレクトメールなどで見込客を増やしています。年間の広告宣伝費は売上約40億円に対して**約7000万円**にも及びます。

✸株式会社能作《のうさく》に学ぶ中小企業が生き残る戦略

富山県高岡市にある「株式会社能作」は、1916年に創業した鋳物《いもの》メーカーです。鋳物とは、溶かした金属を型に注ぎ入れて成型する金属製品のこと。仏具や茶道具の製造業として始まり、近年は、テーブルウェアなどを開発。新たな市場として開拓を目指している医療・ヘルスケア分野では、医療機器の販売許可を得て、錫《すず》の抗菌性と柔軟性を活かした手術器具などをつくっています。

かつての能作は、産地問屋以外の販路を持たず、販売する**自社商品もゼロ**でした。銅器業界は産地問屋が全体をプロデュースし、原型づくり、鋳造、着色、装飾、仕上げなど工程が細分化されています。

能作もその一角を担う下請け企業でしたが、市場が急激に縮小する中で「自分たちの製品がどのように加工され、販売されているのか。ユーザーの顔が見たい」という考えから、独自商品の企画から製造、販売まで一括して手がけるようになったのです。

以来、業界の常識にとらわれない発想を大切にしながら、画期的な人気商品を生み出しています（**錫製品は同社の売上の約7割**）。

現在は、委託販売だけに頼らず、全国主要都市の百貨店に直営店を展開。バンコクやニューヨークにも直営店を構えるなど、高まる海外人気に合わせて販路も広げています。

分業体制でやってきた産地との関係を崩さないために、

「新規の取引依頼があっても、高岡の問屋と取引があるところは問屋を通す」

「従来から問屋に卸している製品は県外に持っていかない」

「独自に開発した商品のみ県外に持っていく」

「新しい商品だけ新しい販路に持っていく」

「産地の問屋で扱ってもらっている商品を、そのまま産地外に持っていくことはしない」

ことを徹底しています。

販路を県外にも求めた結果、問屋経由の販売量はあまり変化がなく一定であるものの、**新規ルートでの売上の比率は95%を超える**までになっています。

能作は、次の4つの点において、中小企業のロールモデルにふさわしいといえます。

●創業から培《つちか》ってきた高い技術力がある
●高い技術力を使って、自社商品を開発している
●従来の販路（問屋）との関係を維持しつつ、県外にも新しい販路を構築している
●海外にも目を向け、グローバルな展開をしている

財務体質を強化して「潰れない会社」「赤字にならない会社」をつくるには、「本業で利益を出す」ことを前提に、

●**「自社ブランド品（あるいは、自社サービス）を開発する（開発できるだけの技術力を身につける）」**
●**「既存の流通ルートはそのまま残して、それとは別に、自社のセルフチャネル（新しいチャネル）で自社ブランド品を流通させる」**

ための努力を続けることです。

下請け、孫請け企業は、簡単にいうと、大企業に自社の売上と利益をコントロールされている状態です。

そこから一歩踏み出して、自社で付加価値の高い商品をつくって、自社で売る。自社で、

売上と利益をコントロールできるように、**ビジネスモデルを変えていく必要**があります。

私は能作克治《のうさくかつじ》社長に会って、こうした経緯を聞いたことがあります。能作社長は、もともと大阪で新聞記者をされていました。それが「株式会社能作」先代社長のお嬢さんと結婚し、養子に入り、家業を継がれました。

しかし結婚後、慣れない鋳物の現場で17年間働いて、やっと先代社長に認められ、その現場の仲間と働いた実績があったからこそ、社長になるまで秘めていた思い切った事業展開に社員がついてきてくれたのです。

２０１７年４月には、新社屋を竣工。地域にたくさんの人々を呼び込むために、工場見学、鋳物体験やカフェ、ショップを併設する産業観光の拠点として整備。地域経済の活性化に大きな貢献をしています。現在では国内外から年間11万人が現地を訪れるといいます。ぜひ一度、工場見学されるようお勧めします。

✸ 1400万円の大赤字で得た大きな果実

技術力を磨くと、受注の幅が広がります。「仕入れて、売る」だけでなく、**「自社品を開発して、売る」「既存品をカスタマイズする」「売った商品のメンテナンス、アフターサービスに注力できる」**など、お客様のご要望に細かく対応できるため、同業他社と一線を画すことができます。

当社も2000年に、記録メディアを主製品とするメーカー（A社）から、ブルーレイディスクに対応した「光ディスクの原盤を作製するマスタリング装置」のカスタマイズ（改良）を依頼されたことがあります。

A社はもともと、B社からマスタリング装置を購入していたので、B社に改良を依頼しました。ところが、B社がマスタリング装置の事業から撤退することになってしまったのです。A社が目をつけたのは、日本レーザーです。A社から相談を受けた私は、次のように考えました。

「うちには改良するだけの技術力はあるので、図面をB社から提供してもらえれば可能でしょう」

そこで、A社の担当者に「B社から図面を提供していただくことは可能か」を尋ねると、「もちろん、大丈夫です」という返事だったので、「1600万円」で引き受けることにしました。

ところが、B社は「図面を渡す約束をしたことはない」と、**図面の提供を断ってきた**のです。私は頭を抱えながら、それでも一度受注した以上、「やめる」選択肢はありませんでした。そして、技術陣と作戦を考え、「リバースエンジニアリングをやろう」という結論に達したのです。

リバースエンジニアリングとは、製品を分解して、製品の仕組みや構成部品、技術要素などを分析する手法のことです。

B社の製品を分解し、どういう仕組みになっているかを学んだうえで、自分たちで図面をつくる。その図面に基づいて改良を加え、組み立て直す。根気のいる作業を続けた結果、改良は成功しました。

人件費などを含めると、3000万円のコストがかかっています。受注額は1600万

円でしたから、実に**1400万円の大赤字**です。赤字は出たものの、

- ●エンジニアに**自信**がついた
- ●図面がない段階からでも改良できる**技術力**がついた
- ●この改良で身につけた技術を**他の仕事、他の製品にも応用**できるようになった
- ●**「カスタマイズ」**の仕事が増えた

など、**数字には表れない大きな成果**を手に入れることができたのです。

✸ローテクでもいいから、世界初の「画期的なもの」を

技術力があれば、オンリーワンになることができます。毎年、サンフランシスコで開催される「フォトニックウエスト」という世界最大の展示会には、レーザー関連企業が各国から1300社以上集まります。

けれど、日本の会社は非常に少ない。

なぜなら、「画期的なもの」をつくっている会社が少ないからです。大切なのは、**世界で誰も見たことがない「画期的なものをつくること」**です。

レーザーを応用したシステムには、日本の大学でも研究されていた技術なのに、実用化にこぎつけたのはドイツの会社一社しかない、という例もあります（ありがたいことに当社のパートナーです）。

何も最先端の技術である必要はありません。**ローテクでもいい**。顧客にとって価値のある商品、市場にとって「画期的なもの」を生み出すことが大切です。

25年連続黒字化の3つのポイント

① 下請けから脱却する方法は「自社ブランド品を持つ」こと、「販売網」を広げること

② 既存の流通ルートはそのまま残しつつ、自社のセルフチャネル（新しいチャネル）を開拓し、自社ブランド品を流通させる

③ 技術力を磨いて、世界で誰も見たことがない「画期的なもの」を生み出す

23 新規事業の修羅場

「3つの意識」さえあれば、中小企業でも、新規事業は必ず成功する

✸日本レーザー社員が「子会社の社長」のように働く理由

当社の社員は**8割が転職者**です。３社目、４社目はざらにいます。

しかし、いったん入社すると、ほとんどの社員が辞めません。好きなことができる。やりたいことがやれる。**言いたいことが言える**からです。

しかし、やりたいことをやらせようとすると、社長としては任せる勇気がいります。海外の展示会に行っておもしろそうな装置を見つけ、日本市場に導入することも、本人の熱意次第で可能です。

あるとき、ドイツの３次元レーザー測定器の製品を導入した営業員がいました。

デモ機だけでも800万円しましたが、了承しました。ところが、いい製品なのになかなか受注が取れません。おもな顧客が自動車業界で、車の形状やテストコースの凹凸の測定に向きますが、いかんせん、業界の知識や人脈がなく、結局、自動車業界に強い商社に譲渡しました。その後、このドイツのメーカーも大手企業に身売りしてしまいました。もっと早めに撤退すればよかったと、自分の意思決定が遅れたことを反省しました。

私の友人が設立した理科学機器の輸入商社がありましたが、75歳になった社長が事業継承を希望したため、私は商権と社員を受け入れました。これが大成功で、先の3次元レーザー測定器で成功しなかった社員も活躍しています。

システムグループは当社の中では独立した会社のような存在です。中小企業は小回りがきくところが強みで、意思決定は早く行わなければなりません。

日本レーザーの自社ブランド品の中で**最も成功した製品が、研究開発用の光ディスクマスタリング装置**でした。ソニーとパナソニックが競合メーカーでしたが、すべてユーザー仕様に合わせる特注品ばかりで開発期間が短いという特徴もあり、おもな電気・精密機器メーカーに納入することができました。

しかし、最近は映像・音楽用の光ディスク事業も衰退したり、東日本大震災で紙の公的文書が失われたりした影響で、公的文書を光ディスクで残す、アーカイブ事業に着目しています。担当者に1000万円の予算をつけて事業化を検討させましたが、アーカイブ用の光ディスクの技術的課題のために、事実上光ディスク事業から撤退しました。

この光ディスクマスタリング装置の光源として非常によく売れたのが、当社が2004年から取引しているドイツのレーザーメーカー「オミクロン社」の製品です。

かつて、日本レーザーは、同社の世界のディストリビューターの中で7年連続販売高1位を記録したこともありますが、残念ながら現在は大幅に実績が落ちています。

レーザー事業も研究開発用から産業用までありますが、中国の急成長に比べて日本市場は低迷しています。そこで、レーザーの特徴を活かした医療産業への進出を果たしたのがその「オミクロン社」です。人口減少で高齢化が加速する日本では、健康・医療・福祉・介護産業が今後の主流になると思っています。

✸なぜ、43歳「最年少取締役」を新規事業に起用したか

その「オミクロン社」が、ついにガンの診断と治療のための「レーザー光免疫治療用レーザー装置」を開発しました。これは、アメリカの国立衛生研究所の日本人研究員、小林久隆医師が開発した薬剤と、レーザー治療器を使った「PDT」と呼ばれる治療法です。

現在、日本でも千葉県柏市にある国立がん研究センター東病院で治験を進めています。

『週刊新潮』2019年1月17日号で4ページにわたって特集され、『AERA』2019年3月11日号で3ページの記事が掲載されたことで、一気に注目されるようになりました。なにしろ、**ガンの種類によってはステージ4でも転移していても、短期間で完治する可能性のある画期的治療法**です。

厚生労働省の薬事法の承認が得られていないので費用は未定ですが、これまでのどの治療法よりもはるかに安くなります。なにしろ、レーザー治療器自体の価格が300万円程度と、重粒子線装置、放射線装置等の**他の装置に比べて桁違いに安い**からです。

私は「オミクロン社」の社長と話し合い、日本でのこの分野に進出することを決めまし

た。当社は、近赤外線レーザー照射装置のメンテナンスと消耗品販売を目的として、「オミクロン社」とほぼ折半で新会社を設立し、サービス分野、とくに装置の年一回のキャリブレーション・較正《こうせい》（レーザー治療器の出力と、測定の対象となる値との関係を比較する作業）を担当する計画です。合弁会社の社長には、当社の**43歳の最年少取締役を起用**して、将来を賭けた取り組みをしていきます。

彼は国の予算で8億円もする大型研究用レーザーを国立大学法人のひとつの大学から受注して、フランスのメーカーに委託開発製造をさせて、成功した実績があります。

医療器の分野は、従来の延長線上にあるビジネスではありません。使う技術は光とレーザーなので同じですが、ビジネスモデルはまったく違います。

アメリカでも日本でも、まだ治験の段階ですから、薬事法の許可が出るのは、2〜3年先です。これまでの事業に比べるとはるかに難しいビジネスですが、高齢化社会に向けて需要はあると思います。

2人にひとりがガンに罹《かか》り、3人にひとりがガンで亡くなるといわれる日本では、この治療法を普及させることは**最大の社会貢献**だと思っています。

✸圧倒的な当事者意識、健全な危機意識、ステークホルダーとの仲間意識

新規事業を成功させるには、社員の意識改革を進めて、次の「3つの意識」を植えつけることが重要です。

●3つの意識

①圧倒的な当事者意識
②健全な危機意識
③ステークホルダーとの仲間意識

❶圧倒的な当事者意識

……「この会社は私の会社である」「この商品は私が誇りを持って提供する商品である」「この仕事の責任は私にある」という意識のことです。

当事者意識を持って仕事に取り組むと、「お客様にお茶をお出しする」という仕事ひと

つとっても、仕事の質が変わります。

「あれもないしこれもないから無理だ」「あれとこれを用意してくれたらできる」と考える人は、新規事業を成功させることはできません。条件がそろっていなくても、お膳立てが整っていなくても、担当する社員は「圧倒的な当事者意識」を持って、新規事業に取り組むことが大切です。

私が社長に就任する前の日本レーザーは、親会社の日本電子のおかげでものづくりへの投資ができましたが、現在は、自分たちの手で資金手当もしながら、新規事業に挑戦するところからやらなければなりません。

かつてのように人員を割くこともできませんから、現在は新規事業を担当する社員が**「たったひとり」で、営業も技術もサービスもすべてを兼務**することもあります。

とくにシステム機器部のスタッフはみな、海外のレーザーメーカーとの新プロジェクトを手がけていますが、「子会社の社長」と呼んでもいいほど、プロジェクトの一切を仕切っています。

❷健全な危機意識

……「気を抜いたら、会社は倒産するかもしれない」「現状に立ち止まっていたら、時代の変化に取り残されてしまうかもしれない」という恐れのことです。

中小企業では、「寄らば大樹の陰」（大きくて力のあるものに頼ったほうが安心できるという考え）は通用しません。

とくに当社では、レーザーメーカーから契約を解約されることが頻繁に起こります。私の社長時代に27社に切られましたが、会長になったあとでもフランスの上場企業が日本法人を立ち上げた結果、当社は輸入総代理店を失いました。

このように、**常に売るものがなくなるリスク**があるために、**「会社経営は、常に倒産と隣り合わせ」**という危機感が現状に甘んじない風土をつくっているのです。

❸ステークホルダーとの仲間意識

……同僚、上司、経営陣、取引先、顧客と共生していくことです。仲間意識があれば、苦しいときにも助け合い、社員と経営陣が一丸となって「火事場の馬鹿力」を発揮できます。

私は、**中小企業だからこそ、この「3つの意識」を強く持てる**と思っています。

大企業では、「会社は株主のもの」「仕事は経営陣から指示されるもの」という意識に陥りやすく、会社経営を「自分ごと」としてとらえるのが難しい。また、社内外の人との心理的な距離が遠いため、仲間意識も希薄になりがちです。

この**「3つの意識」は中小企業の強み**であり、これがあれば、新規事業を軌道に乗せることも、経営を立て直すことも、大企業に対抗することも可能なのです。

25年連続黒字化の3つのポイント

① 社員が、「圧倒的な当事者意識」「健全な危機意識」「ステークホルダーとの仲間意識」の「3つの意識」を持つようになると、会社は強い体質になる
② 全員参加型経営を実現するには、「社長が現場(=社員)のことを知る」「社員が社長の考え(=社長の頭の中)を知る」「言いたいことを言い合えるフラットな関係をつくる」
③ 市場の変化に柔軟に対応するためには、「新規事業」への参入も必要である

24 自腹社長の修羅場

自腹を切った飲み会で、部下の心をつかむ方法

✸いざというときの「応援団」を飲み会で増やす

経営者（上司）は、時に「自腹」を切ってでも、社員との懇親を図ることが大切です。

日本電子に入社して4年目に、労働組合の執行委員長に推され、労使関係に携わることになりました。入社当時、社内には労働組合が2つあって、その対立も過激さを増す中で、私が片方の執行委員長に担《かつ》がれたのです。

組合の活動費（接待交際費）は潤沢にあるわけではなかったので、組合員との飲み会は私の自腹、持ち出しでした。

39歳のとき、労働組合の委員長を退任し、課長職（経営管理課長）に就くことになりま

した。普通であれば、もっと若くして課長になっていたと思いますが、組合活動に従事した時期が長く、同期よりも職責上の遅れを取っていました。

課長としてのリーダーシップを発揮するには、**「現場を知ること」「部下を知ること」**が不可欠。そこで私は、部下を連れてお酒を飲んだり食事をしたりしながら、積極的にコミュニケーションを取りました。

食事代（飲み代）は、すべて自腹。**平均して毎月5万〜6万円、自腹**を切っていました。これは「修羅場」と呼ぶほど、大げさなことではありません。しかし、少ない給料の中から毎月、5万〜6万円も飲み代を払うわけですから、それなりの負担でした。

けれど、飲み代を惜しいと思ったことは一度もありません。私にとって、飲み会は3つの点で有意義なものだったからです。

❶私自身の成長につながる

入社以来、多くの時間を労働組合に割いてきた私にとって、現場の声を知ることは**「私自身の教育」**でもありました。飲み代は、社員との懇親を図るための「福利厚生費」であると同時に、私自身が成長するための**「社員教育費」**でもあったわけです。

❷社員の本音が聞ける

飲み会は、社員の本音が聞ける数少ない場です。普段はなかなか話せないことでも、酒席のリラックスした雰囲気の中なら、話せることがあります。

私の場合は、「社員から同じ話が2度出てくるようになったら、潮時」だと思っていましたから、同じ話が繰り返されたらその時点で「今日はおひらきにしよう」と切り上げるようにしていました。

お酒を楽しむだけの飲み会ならそのまま続けてもいいのでしょうが、「社員の声を知る」「現場の声を知る」ための飲み会であれば、それ以上続けても収穫はないので、切り上げたほうがいい。私の経験上、**目安はせいぜい「3時間」**です。それ以上長く飲んでも、建設的な会話は生まれません。

❸応援団を増やせる

社員と深い交流ができるようになるため、信頼関係が生まれます。飲み会で本音を語り合ったメンバーとはその後も良好な関係が続き、「お互いに協力し合う」ことができたと思います。

私は、**対人対応能力とは、「自分を応援してくれる人の数に比例する」**と考えています。

仕事で成果を挙げるには、自分を取り巻く人たちの協力が欠かせません。困ったことがあったとき、どれだけの人が手を差し伸べてくれるか。その人数が多いほど、高い成果を挙げることができます。

それから1年もしないで突然のアメリカ赴任になりましたが、部下の社員は労組の執行委員長とは違う私の顔を見たと思います。

✸毎週、自腹でホームパーティを開き、駐在員をもてなす

40歳のときに、日本電子のアメリカ法人副支配人として赴任以来、その後、本社取締役・アメリカ法人支配人になったあとも、毎週のように、少なくとも**月3回はホームパーティ**を開き、現地の駐在員（20家族）や本社からの出張者、またアメリカ人社員たちをもてなしていました。

土曜に買い出しに出かけ、日曜に駐在員を招く。**料理はすべて妻の手料理**です。

食材費など、パーティにかかる費用は、すべて自腹でした。会社に請求したことは一度

もありません。

妻が週末の自宅接待を嫌な顔もせずに引き受けてくれたことには、本当に感謝していま す。当時は夫婦でともに働いていた（戦っていた？）も同然でした。

しかしその後の幹部の中には、こうした接待をしても、費用を個人負担にせずにほぼ会社に請求していた人も多いようです。時代の変化でしょうか。

自宅に招くのではなくレストランで会食をするなら、「接待交際費」などの名目で会社に請求できたと思います。でも私は、「自宅に招く」「手料理をふるまう」という**手間をかけたからこそ、駐在員の心をつかめた**のだと思います（アメリカ人にしてみると、日本人の家に招かれることも、日本食を食べることもめずらしかったので、とても喜ばれました）。

✸社長は社員にとってのサーバントであれ

「会社のお金を使わず、自腹を切って社員をもてなす社長」と、「会社のお金を自由に使って遊んでばかりいる社長」、どちらが社員からリスペクトされるでしょうか。

答えは明白。「**自腹社長**」です。

私が、前任の経営者の株を自腹で買い取ったのも、それが**「社長の覚悟」「社長の本気」**を示すことにつながるからです。

会社のお金を使うなら、会社のため、あるいは社員のために使う。自分のためには使わない。

「社長は社員にとってのサーバント（召使）であれ」と私は考えています。

社長は、社員とフラットで対等な関係性を築き、リスペクトし合うべきだと思います。

25年連続黒字化の3つのポイント

① 経営者は、時に「自腹」を切って社員との懇親を図る

② 飲み会は、社員との結束を高める格好の機会。ただし、3時間以上飲んでも、建設的な話し合いにはならない。同じ話が2度出るようになったら、さっさと切り上げる

③ 社長は社員にとってのサーバント（召使）であれ

25 健康の修羅場

47歳で大腸ガン宣告！
75歳でも元気でいられる健康へのヒント

✸社長の健康＝会社の健康

日本電子時代、私はニュージャージーとボストンに赴任していましたが、駐在中にストレスと荒れた食生活が原因で体調を崩し、41歳で**胃潰瘍**、42歳で**十二指腸潰瘍**、47歳で**大腸ガン**を経験。**命の危機**にもさらされました（幸いにも現地でガンの手術を行い、完治）。

下腹部に違和感を覚え、バリウム注腸検査（バリウムと空気を入れて大腸の病変の有無を見つける検査）を受けたのですが、結果は**衝撃的**でした。エックス線写真には、**鶏卵状の腫瘍**が写っていたのです。

大腸ガンだとわかったときは、

「まさか自分が！」

という受け入れがたい思いにうろたえました。

しかし、「ガンである」という抗《あらが》えない事実を受け入れてからは、**「今、ここで、死ぬわけにはいかない！」**という強い気持ちがもたげてきて、治療への原動力となりました。

仕事をしながらアメリカで治療を受けるか、それとも、帰国して治療を受けるか……。日本人会で知り合った日本人医師のI先生にも相談した結果、アメリカで手術を受けることを決めました。

一回ではガンを取り除けなかったため、日を置いて2回目の手術を受けました。幸いにして手術は成功し、その後の再発もありません。もう少し発見が遅かったら、取り返しがつかないことになっていたでしょう。

ガンを克服して以降、私は「**社長の健康＝会社の健康**」と考え、自分に合った健康法を試しています。

✸近藤式「25年連続黒字」を成し遂げた心身の健康づくり

私は、体が快調であり続けるために、**「健全なる精神は健全なる肉体に宿る」**をモットーに次の11のことを大切にしています。

❶よく歩く

……大企業の役員になると、運転手付きの社有車通勤にしがちですが、それでは運動不足になりがちで健康的ではありません。私は今でも**満員電車で通勤**しています。通勤だけで最低50分歩き、一日の歩数は８０００歩を目標にしています。

❷朝食はヨーグルトとシリアル・ナッツに果物

……シリアルにナッツを加えて、豆乳や牛乳をかけて食べます。加えて季節の果物を何かひとつ摂ります。時間がないので簡単な朝食ですが、朝食はたくさん食べないほうがいいようです。

❸ランチはヘルシーに

……以前は、コミュニケーションを取るために社員とランチに出かけることもありましたが、最近は健康面を考慮し、ヘルシーな弁当を用意しています。

夜は会食や酒席に招かれることが多く、どうしても塩分や脂分が多くなりがちですので、ランチは野菜中心にして、塩分や脂分を控えるようにしています（寿司も刺身も、醤油をつけずに「**お酢とワサビ**」で食べています）。

以前は、サプリメントも摂取していましたが、ここ数年は「**栄養素は食品から摂る**」ように心がけています。

ヨーグルトなどの乳酸菌、黒ニンニクや、植物性醗酵食品を毎日食べています。

❹アルツハイマー病の予防として、カマンベールチーズとビールを適度に摂る

……キリン株式会社の健康技術研究所（近藤恵二所長）は、東京大学、学習院大学と共同で、ホップ由来のビールの**苦味成分である「イソα酸」が、低下した認知機能を改善す**ることを解明したそうです。

また同社は、小岩井乳業および東京大学大学院農学生命科学研究科との共同研究により、

カマンベールチーズの摂取がアルツハイマー病の予防に効果があることもモデルマウスで確認しています（「キリン」ホームページ参照）。

⑤ワインも適量たしなむ

……ワインには、「**動脈硬化を予防する**」「**抗酸化作用が強い**」「**脳機能を改善する**」「**うつ状態が防げる**」「**抗菌作用で胃腸を守る**」といった健康効果が期待できます（『日経ヘルス』参照）。

⑥365日お酒を飲んでも、空腹のまま飲まない

……私は基本的に「**365日**」、**毎日お酒**を飲んでいます（缶ビール2本くらいのアルコール摂取）。

空腹のときにお酒を飲むと、アルコールの吸収が速くなり、酔いが回るのが早くなってしまうため、「**お酒を飲む前に料理を口にしておく**」ように心がけています（「サッポロビール」ホームページ参照）。

❼ナノバブル水素水を飲む

……水素水の科学的な裏づけはまだ薄いようですが、私は**15年ほど前からナノバブル水素水**を取り寄せ、愛飲しています。飲んだあとは、パックに少し残っている**水素水を顔に**つけています。これは顔の色つやをよくして若々しい肌を維持してくれます。75歳のわりには若いといわれる（？）のはそのせいでしょうか。

❽よく噛む

……「よく噛むと脳細胞の活動が活発化し、脳の血流がよくなり、脳の機能を活性化する」「ゆっくり時間をかけてよく噛んで食べると、食べすぎを防ぐことができる」「消化をよくして栄養の吸収を助ける」「唾液に含まれる酵素には、発ガン物質の**発ガン作用を消す働き**がある」などの効果が期待できます（「８０２０推進財団」ホームページ参照）。

普通の水を飲む場合も、一気に冷たい水を飲み込むのではなく、**水を噛みながら飲め**ば、胃にやさしい飲み方になり、お腹を壊さずにすみます。海外では、ホテルでも水道の水を飲むことを躊躇しますが、そうしたときには必ず噛みながら飲むようにしています。

⑨コーヒーを一日、2〜3杯飲む

……コーヒーにも脂質の酸化を抑えるポリフェノールが含まれていますし、カフェインを摂ることで気持ちがシャキッとして、仕事を効率よく進められます。胃に負担がなければ、**ブラックのほうが効果的**です。

また、飲用後に計算力や記憶力が上がるという研究結果も得られているそうです（「ネスレ」ホームページ参照）。

⑩質のよい眠りを心がける

……「朝、起床後に睡眠の質に満足できない」「午後眠くなる」「よくいびきをかく」といった症状がある場合は、睡眠中に呼吸がときどき止まってしまう**「睡眠時無呼吸症候群」**の疑いがあります。

これを検査するには、睡眠クリニックでいろいろな計器をつけ、一晩泊まってチェックする必要があります。

私は60代で「睡眠時無呼吸症候群」と判明しました。

私の場合はひどい症状で、マウスピースでは不十分だったので、73歳から**「CPAP**

（シーパップ：持続陽圧呼吸療法）」という機器本体を鼻につけて眠るようにしました。使用前は1時間に30回も無呼吸状態がありましたが、現在はゼロとなり、一日5～6時間の睡眠でも不満感はなく、早朝高血圧も消えました。

月一回の診察費とCPAPの利用料は、健康保険適用で月4500円くらいです。たまに、CPAPをつけないで眠ると、その効果が歴然とするので驚きます。**本当に寿命が延びたと実感**するくらいです。

⓫高校の先輩と気功とイペ茶

高校のワンダーフォーゲル部の2年先輩の高橋博樹さんは、私の健康法のアドバイザーです。定年後に気功の勉強をされて、77歳の今でも元気にフルマラソンをしています。高橋さんに気功整体で心身の体調を整えてもらうこともあります。イペ茶（ブラジルの木の内部樹皮を使用）も紹介してもらったのですが、胃腸を整えるだけでなく、さまざまな効用があるようです。

✸心が快調であり続けるために毎朝、15項目を目に焼きつける

私は、前述のベックスコーポレーションの香川会長のもとで潜在意識活性化のトレーニングを15年以上続けています。

次の15項目を毎朝、数分間さっと見て、目に焼きつけています。毎日、目に焼きつける回数が多いほど潜在意識に定着しますので、習慣化しやすくなります。

1　毎日明るく楽しく笑顔で人に接する

2　まわりで起こることはすべて自分へのメッセージであると受け入れる

3　嫌なことや気づき（トラブル）が起きたときには、「ありがとうございます」と瞬時に言う

4　利益をもたらす「癒し」には適度にお金をかける

5　自分の問題点・改善点を素直に認め、修正する

6　プラス思考をして、マイナスのことは思わない・考えない・言わない

7　よい話は伝え、自慢話は控える

8　注意や指摘をしてくれる人を大事にする

9　夢や志を高く持ち、品のある言動を心がける

10　自分のまわりの人はすべてお客様だと思い、配偶者など身近な人を大切にする

11　起こりうるあらゆる可能性を想定する

12　物事がうまくいっているときにこそ、まわりに感謝する

13　まわりから見た自分を客観視する

14　利他の心と行動は、自分にとっての喜びである

15　両親、祖父母を大切にし、ご先祖様を敬う（お墓をきれいに掃除する）

✸ガンで入院中の社員にも、給与を支給

今、日本人の2人にひとりがガンを患《わずら》う時代です。新しくガンになる人の4割は仕事をしていますが、そのうちの4割は会社を辞めざるをえない状況に陥っています。

日本レーザーにも、腎臓の病気やガンと闘う社員がいます。これまでにガンを患った社

員は4人。残念ながら、うち3人が亡くなりましたが、病気を理由に肩たたきをしたことはありません。

以前、ライバル会社を解雇された社員を雇用したことがあります。入社1年後に胸部に違和感を覚えて検査をしたところ、肺ガンが見つかりました。

すでに手術も放射線治療ができないほど、ガンが大きくなっていました。抗ガン剤治療のため入退院を繰り返していましたが、残念なことに妻と小学生の男の子2人を残して亡くなりました。39歳でした。亡くなるまでの2か月間は入院をしていましたが、**給与も賞与も全額、支給**しました。

亡くなる直前、それまで寝ていた彼が急に起き上がり、

「社長、パワーをください。もっと生きたいです！」

と言って、私の手を15分間も握りしめてきた姿を今も鮮明に覚えています。

私の「次の、次の社長候補」と目されていた常務も、闘病生活を強いられたひとりです。喉頭ガンが見つかったのは、56歳のときでした。

仕事を辞めて治療に専念するように指示したのですが、「最後まで頑張ります」と言い張り、「余命2か月」といわれるまで働き続けました。

私が彼を非常勤役員にしなかったのも、休暇扱いにせずに亡くなるまで給与を支払い続けたのも、日本レーザーに尽力してくれた彼と、彼の家族への恩返しでした。

前述した中国人留学生、方《ほう》もガンに倒れ、旅立っていきました。

「ガンを克服するのがあなたの仕事。治療中、給与は支給するから」と在宅勤務を命じたのですが病状が急変し、膵臓ガンが見つかってからわずか2か月で帰らぬ人となったのです。

病気にならないよう、普段から摂生していても、いつ病魔におかされるか、誰にもわかりません。社員が病気になったとき、安心して治療に専念してもらうために、**会社は「何があっても、雇用を守る」**必要があります。

病状が進行し、働けなくなったときも、欠勤扱いにはしませんでした。そして、実際には仕事をしていなくても、「仕事をしている」とみなして、給与やボーナスを通常どおり払い続けたのです。

「病気を理由に解雇することはない」「治療中も、給与と賞与を支給する」という会社の方針が、残された社員の安心感につながります。

25年連続黒字化の3つのポイント

① 社長の健康は、会社の健康。経営者は、人一倍、健康（運動、食事、睡眠など）に気を配らないといけない

② 社員が病気になったとき、安心して治療に専念してもらうために、会社は何があっても雇用を守るべき

③ 闘病治療中の社員にも、給与と賞与を支給する

修羅場社長のコラム

胃潰瘍と十二指腸潰瘍と大腸ガンになるほど、英語で苦労したアメリカ駐在時代

1983年に労働組合の執行委員長を退任すると、1年も経たない1984年にアメリカ赴任を打診されました。アメリカに行く以外にもいろいろな選択肢がありましたが、新しい人生に挑戦しようと喜んで受けました。楽そうな道より困難な道を選んだほうが、「チャレンジし甲斐がある」からです。

同年秋、アメリカ法人の副支配人として渡米しました。駐在先はアメリカ本社のあるボストンで、与えられた任務は分析事業の拠点である「ニュージャージー支社を閉鎖する」という過酷なものでした。ボストンから、毎週のように支社があるニュージャージー州クランフォードに通いました。40歳をすぎてからのアメリカ駐在で気づかされたのは、「海外駐在は若いうちにしておくべきだ」「英語は早いうちから身につけておくべきだ」ということです。

一般社員であれば、英語が十分に話せなくても、なんとかなります。しかし、「副支配人」

となると、英語力不足は致命的です。

聞き取れないで何回も聞き直していると、アメリカ人も苛立ってくる。なんとか聞けるようになっても、今度は、こちらの主張を英語で伝えなければなりません。けれど、言いたいことが言えずに、ウーウーとうなっているだけ。自分の情けなさに、忸怩《じくじ》たる思いを覚えたものです。私が会話でつまずいたのは、英語の**「語順」**に戸惑ったからです。

日本語と英語では、主語、述語、修飾語の並びが違います。語順のパターンが体感的にわかっていないと、頭の中で「日本語と英語の語順を並べ替えて処理する」ため、会話のスピードが遅れてしまいます。時間を見つけては、『話すための英文法』（市橋敬三著、研究社刊）の例文を暗記していました。赴任する前の高揚感は、次第に**「甘かった自分」への後悔**に変わりました。英語に対するストレスは、やがて体調の変化となって表れ、胃潰瘍と十二指腸潰瘍と大腸ガンになりました。英語力が向上し、アメリカでの生活に慣れるまで、１年近くかかったと思います。

企業活動がグローバル化すると、「英語力」は欠かせません。これからの時代は、「英語力なしでは生き延びることはできない」のです。ネイティブのように完璧な会話力は必要ありませんが、英語でのディスカッションができるレベルに、早いうちから準備をしておくべきだと思います。

最後に
プラス
α

スキャンダルの修羅場

社長！「酒」と「女」と「金」に溺れると、痛い目に遭いますよ

✸愚痴を言うような「暗い酒」を飲むな

日本電子時代に、労働組合のメンバーのひとりから、執行委員長就任にあたってこんなことを言われました。

「近藤さん、これまでの人生で脛《すね》にキズを持ったことはないですよね。競合する左翼的労組は、我々民主的労組の幹部のイメージダウンを図って、自分たちの勢力を増やそうとするから、とくに女とお金には気をつけてください」

私は労働組合の執行委員長としても、経営者としても、トップダウンでかなり荒っぽいことをしてきましたが、それでも個人的に攻撃されるスキやキズをつくらなかったからこ

そ、リーダーシップを発揮できました。

「経営者や政治家が聖人君子である必要はない」のですが、それでも社会人としての節度や社会規範を越えないことが大切です。社長にとって「スキャンダル」はもってのほか。

経営者が律すべきものは、**「酒」**と**「女」**と**「金」**です。

たまにはひとりでなじみの店に行き、グラスを傾け、しばし現実の経営から離れてリラックスするのも必要です。お酒を飲むことで英気を回復したり、飲み仲間と知り合って人脈が広がった当社の役員や社員もいます。

しかし、お酒はあくまでもたしなむものであって、愚痴を言うような暗い酒はダメです。当社では愚痴を言いながら飲む社員はいません。**お酒は「明るく、楽しく」が基本**です。

私は、社長就任以来、会社の経費でも個人のポケットマネーでも、ひとりで飲みにいったことはありません。

✸対立する労組から、「お金」に関する捏造《ねつぞう》記事が！

日本電子時代に、対立する左翼的労組からフェイクニュースを流されたことがあります。

毎日、工場の門前で配布するビラ（宣伝のための機関紙）に、「近藤は、会社から月額50万円の金を受け取っている。これに対して税金は払っているのか？」と書かれてあったのです。もちろん、事実無根であり、捏造です。

しかし、あたかも事実のように報じられて、毎日実名で攻撃されるのは気持ちのいいものではありません。反論しなければ、一般の組合員や社員には事実として映ってしまうかもしれない。そこで、断固、戦うことにしました。

反論のビラで対抗するだけでなく、上部団体（同盟）の顧問弁護士による警告書を送付するなど、「撤回・陳謝しなければ、名誉棄損で訴える」という意思を鮮明にしたのです。

その結果、2度とデタラメなビラが配られることはなくなりました。

✸デタラメの〝女性問題〟怪文書にどう対処したか

アメリカ駐在から帰国した私のポストは、日本電子の取締役国内営業担当でした。

帰国して半年くらい経ったとき、本社のトップ（会長）から呼び出され、一通の封書を手渡されました。

住所は書かれていませんでしたが、差出人は、聞いたこともないアメリカ人女性です。驚いたことに、封書には、こう書かれていました。

「近藤がアメリカで不貞を働いていた。2年前、近藤が本社からの帰国の打診を断ったのは、女性問題がこじれて帰国できない事情があったからだ」


会長は、いつもとは違う顔つきで、こう言いました。

「近藤君、事実はどうなんだ？」

私は断固とした口調で、

「デタラメですよ。誰がこんな細工をしてまで私を貶《おとし》めようとするのでしょうかね？」

と答えました。

私は駐在中もセクハラ疑惑を持たれないように、アメリカ人、日本人を問わず、女性との打合せはガラス張りの会議室で行うか、複数で会うようにしていました。

出張での行動予定も、妻には常に明確にしていました。なにより、私が帰国の打診を断ってアメリカに残ったのは、「ガンの治療」をしなければならなかったからです。

私は会長にこう伝えました。

「この犯人は、内部にいますね。私が会長の打診を断ったことを知っているのは、役員か、あるいは一部の幹部だけです。おそらくこの人物は、アメリカに留学したことがあって、留学中に知り合った親しい女性にお金を払って書かせたのでしょう。たぶん、私と同年代でしょうね」

会長は私を信じてくださり、この件は表面化することはなかったのですが、今度は、会長が誹謗中傷の対象となり、退陣を求める怪文書が本社工場内で見つかったのです。

調査の結果、怪文書を作成した人物が特定されました。

私の予想どおり、同年代の取締役でした。同僚の私を蹴落とそうとしただけでなく、会社のトップにまで白羽の矢を立てていたのです。

当然ながら、不法行為を実行したとして解任され、その後、怪文書事件は一切なくなり、日本電子も現社長の企業風土改善の取り組みのおかげで、今ではいい会社になりました。

怪文書が出ると、「火のないところに煙は立たない」と言われ、第三者が信じてしまうこともあります。会社のトップは、社員のためにも身を慎まなければならないのです。

25年連続黒字化の3つのポイント

① 経営者は、「酒」と「女」と「金」に溺れてはいけない

② 女性と打合せをするときは、密室で行ってはいけない

③ 不法な攻撃とは断固戦う。名誉棄損には法的手段も必要

修羅場社長のコラム

覚悟の実力行使！複数労組による「戦後最後の流血事件」

日本電子には、左翼的労働組合（左翼労組）と、民主的組合が存在していました（私は民主的組合の執行委員長でした）。

左翼的労組は、「工場屋内でのデモ」や「当該組合員以外の人も入門をブロック」して、別労組員、非組合員、顧客、協力会社までもストに巻き込む違法な争議行為を繰り返していました。

私が執行委員長になったあとでも、左翼的労組は会社との対立姿勢を強め、春闘や一時金闘争では常に長期化、放置すれば会社が倒産することもありえました。

私も高校時代はマルクスボーイ（マルクス主義を信奉する青年のこと）でしたが、大学時代に東西ドイツに滞在したとき、共産党が支配する東ベルリンの情勢を知り、共産主義への批判を強めるようになりました。

民主的労組の執行委員長になった私は、「違法なピケ（ピケッティング：工場入口でストライキをスト破りなどから防衛する行為）による入門妨害には、断固、就労の意思を示して行こう」と言明しました。

しかし、オイルショック（１９７３年）後の年末一時金闘争で、左翼的労組は、再び当該労組員以外の社員をブロックする違法なピケを張りました。そこで私たちも、粘り強く就労の意思を示したうえで、始業時刻になったのを機に、整然とピケを破り、就労したのです。

このときの左翼的労組と民主的労組の衝突は、流血事件になりました。おそらく、「戦後最後の、同一企業内における複数労組による流血事件」だったと思います。

私の「就労しよう」という呼びかけで、民主的労組、全金同盟日本電子連合労組の同志が整然と入門してくれたのですが、その衝突で双方に負傷者が出たことは私の責任であり、今でもこの判断が正しかったのかどうか迷うところがあります。

しかし、結果的にこれを機に、不法、違法な争議行為をする左翼的労組はジリ貧になり、労使関係は安定しました。民主的労働組合の活動が、会社と働く職場を守ったのです。

それだけにその後、会社の経営が悪化し、多くの組合員が会社を去らざるをえなくなったことは痛恨の極みです。30歳前後でこうした経験をしたことが、後年経営者になったときに、雇用にこだわることへの強い想いになっています。

エピローグ

「ありえない修羅場」に効く4つの言葉

「ダメだ」と思うからダメになる

30歳のとき、**労使関係民主化の修羅場**にいた私は、リストラや企業再建に夜を徹して取り組み、いつ倒れてもおかしくないほど、気力と体力が失われていました。

そんなとき、知人に勧められたのが、**働きながらの「断食《だんじき》」**です。

私は、「停滞する自分をなんとかしたい」という一心で、株式会社ハピネス代表取締役の隆久昌子《たかひさしょうこ》先生のもとを訪れました。

少しずつ食事の量を減らし、一週間かけて胃を小さくしてから水だけの完全断食生活に入り、少しずつ食事を戻していく（すりおろしたリンゴを食べる）という3週間のプログラムです。

断食2日目くらいから力が出なくなり、駅の階段を上っただけで、息も絶え絶えになるほどでした。隆久先生に電話をかけ、「足も上がらないほど、力が出ません」と相談すると、先生にこう言われました。

「近藤さん、あなたは今、『断食をしているから、力が出ない』と思っているでしょう？そう思っているから動けないだけです。人間は誰でも、宇宙のエネルギーをもらって生きています。そのことに気がつけば、断食をしていても動けるはずです。ダメだと思うからダメになるのであって、**大丈夫だと思えば大丈夫**です」

先生の助言にしたがって、「べつに、食べなくても大丈夫だ」と意識を変えてからは、重い足取りが軽くなり、ランナーズ・ハイ（長時間走り続けると気分が高揚してくる作用）に近い状態になって、逆に力がみなぎってきたのです。五感が研ぎ澄まされたような、不思議な感覚でした。

3週間のプログラムを終えたとき、私の体重は10kg減っていました（専門家の指導のもと行ったものですので、自己流でマネしないでください）。体の変化にも驚きましたが、それ以上に効果があったのが、**「心」の変化**でした。

心にこびりついた垢《あか》のようなものが排出された気がして、小さなことでは悩まなくなったのです。

流血も辞さないほどの労働争議も経験する中で、あるとき、隆久先生が私にこうおっしゃいました。

「近藤さん、『やった、やられた』『切った、切られた』を繰り返しても恨みが残るだけです。傷つけられたり、暴力を受けたりする可能性があるのなら、**その場から立ち去ったほうがいい**。君子《くんし》危《あや》うきに近寄《ちかよ》らず、です。けれど『社会の厳しさから逃れてもいい』『過保護でいい』と言っているわけではありません。何事もなく平穏な生活を続けていては、人間は成長しないからです。時に『虎穴《こけつ》に入らずんば虎子《こじ》を得ず』ですよ」

私が、

「では、どういう体験をすれば、人間は成長するのですか?」

と問うと、衝撃的な答えが返ってきました。

「人を恨めない、天も恨めないほどの理不尽な経験が人を成長させます。受け入れがたい苦難が降りかかってきたとき、自分の運命を呪わず、悲劇と思わず、
『これも必然である。これも必要である。これも人生である』
『この苦しみも、いずれ糧《かて》となる』
と思えたとき、人は成長するのです」

「ありえないレベル」の修羅場に直面しても、「ありえない」と思わない。

想定外の事態が起きても、「まだ、これだけの可能性が残っている」と真摯に受け止め、頭をフル回転させて、「自分にできることは何か」を考える。

誰も恨まず、問題を自分の外側に置かず、「解決可能な問題」として、自分の内側に取り込んでいく……。

こうした「**修羅場経験**」を積み重ねながら、人は成長していきます。

経営者にとって大切なのは、逆境やトラブルや困難でさえ、

● **「起こったことのすべてが自分には必要である」**

●「この経験があるから自分が成長できる」

と受け入れ、乗り越える努力をすることです。

経営者にとって「ありえない」は、ありえない

東日本大震災で被災した「宮城県気仙沼市立階上《はしかみ》中学校」の卒業式で、梶原裕太君が読んだ「答辞」が、NHKのテレビニュースで放映されたのを偶然見ました。その後何度も放送されましたが、その都度、涙を流しました。その内容は、『平成22年度 文部科学白書』に全文掲載されました。

●梶原裕太君の答辞（一部抜粋）

「自然の猛威の前には、人間の力はあまりにも無力で、私たちから大切なものを容赦なく奪っていきました。天が与えた試練というには、むごすぎるものでした。つらくて、悔しくてたまりません。

時計の針は十四時四十六分を指したままです。でも時は確実に流れています。生かされ

た者として、顔を上げ、常に思いやりの心を持ち、強く、正しく、たくましく生きていかなければなりません。

命の重さを知るには大きすぎる代償でした。しかし、苦境にあっても、天を恨まず、運命に耐え、助け合って生きていくことが、これからの私たちの使命です。

私たちは今、それぞれの新しい人生の一歩を踏み出します。どこにいても、何をしていようとも、この地で、仲間と共有した時を忘れず、宝物として生きていきます」（『平成22年度 文部科学白書』より）

梶原裕太君は、たくさんの涙を流したはずです。悲しみにくれたはずです。

それなのに、**「苦境にあっても、天を恨まず」**と誓ったのです。

不条理だと嘆くのではなく、恨みつらみを捨て、**「人生の一歩を踏み出す」ことを「使命」**だと言い切った梶原君に、私たちは学ばなければなりません。

経営者は、どんな現実からも目を背けてはいけない。

現実を現実として受け止め、対応しなければ、社員を守ることはできないのです。

経営者にとって、**「ありえない」は、ありえません。**

震災後、日本レーザーも売上が大きく落ち込みました。**2011年3〜5月の売上は、前年比のおよそ「半分」**です。

この震災のニュースは世界に配信され、当社の世界中のパートナー数十社からメッセージが寄せられました。その都度私は**「連絡ありがとう。我々日本人にはレジリアンス（復元力・復興力）があるから必ず再建する」**と返信したものです。

この非常事態に際して、社長を先頭に対応して、予定を前倒しにして案件を進めるなど緊急対応に追われました。

すると、6月には例年並みの売上に回復。社員全員で**「火事場の馬鹿力」**を発揮した結果、**2011年度は「過去最高益」を更新。**まさに奇跡が起きたのです。

修羅場を救う「4つの言葉」

断食を指導してくださった隆久先生に、

「断食中に、できるだけこの言葉を使いなさい」

と教えていただいた4つの言葉があります。

①「ありがとうございます」
②「ごめんなさい」
③「これでよろしいですか？」
④「どうぞよろしくお願いします」

❶「ありがとうございます」（感謝）

……自分の運命に感謝する言葉です。

❷「ごめんなさい」（懺悔《ざんげ》）

……「物事がうまくいったのは、自分の手柄ではない。まわりの力があったからだ」「物事がうまくいかなかったのは、まわりのせいではない。自分の努力が足りなかったからだ」と、自分の思い上がりや傲慢さに気づかせてくれる言葉です。

③「これでよろしいですか?」(戒律)

……戒律を守って生きようという意思です。「戒」とは、やってはいけないこと。「律」とは、やるべきことです。

④「どうぞよろしくお願いします」(帰命)

……「やるべきことをやり尽くしたなら、最後は運命に委《ゆだ》ねるしかない」という潔《いさぎよ》さを表す言葉です。

隆久先生は、念仏のように「4つの言葉」を唱えると、心も洗われるとおっしゃいました。

私は合理的に物事を考えるタイプですから、「念ずれば救われる」という考えは性に合いません。しかし、我々がこの身を借りて一生をまっとうできるのは、**「人知を超えた存在」「目に見えない力」のおかげ**ではないか、という思いがあります。

私は特定の信仰を持たないため、その存在を「神様」と呼ぶのか、「仏様」と呼ぶのか、「宇宙の真理」と呼ぶのか、「生命の法則」と呼ぶのか、「サムシング・グレート」と呼ぶのかわかりません。

その存在が何であれ、人間は、「自分で生きている」のではなく、**「宇宙の大いなる存在に支えられて生きている」「何者かに生かされている」**のだと確信しています。

そして、**「生かされている」ことに気づいたからこそ、私は修羅場を乗り越える**ことができたのです。

この「4つの言葉」は、その「何者か」とつながるための**「祈りの言葉」**です。

「ありえない」修羅場に直面して、心が折れそうになったとき。

逆風に立ち向かわなければならないとき。

仕事がうまくいかず、行き詰まりを感じたとき。

この4つの言葉を思い出し、口に出してみてください。

4つの言葉の意味を知り、意識して使っていくうちに、感謝や謙虚さが自然と身につき、経営者としての「心」が整うはずです。

修羅場は必然である。
修羅場は人を伸ばす。

私は修羅場で決して逃げず、目の前のことに向き合い、その解決に全力を上げてきました。修羅場、修羅場でご縁に恵まれ、多くの方々に助けていただきました。

謝辞

これまで多くの方にご縁をいただき、ご指導、ご支援を賜りましたが、とりわけ次の方々には大変お世話になり、感謝申し上げます。

はじめに1921（大正10）年生まれで今年98歳になられた日本電子第3代社長、のちに会長を務められた伊藤一夫氏。1966年、パリ郊外のアントニーのご自宅で初めてお目にかかってから53年。とりわけ1982年に社長にご就任されてからの27年間は公私にわたってご指導を賜りました。

日本電子時代は、労働組合の先輩や同僚、また後輩に支えられ、アメリカ駐在時代にはともに戦ってくれたアメリカ人幹部からも多くのことを学びました。

社外の方々、とくに隆久昌子先生には大いなる存在に生かされていることを気づかせていただき、新経営サービスの田須美弘社長には社員教育でお世話になり、ベックスコーポレーションの香川哲会長には潜在意識を活性化する実践で、経営幹部ともどもご指導いただきました。さらに、元法政大学大学院教授の坂本光司先生からは、「人を大切にする経営」を学ばせていただきました。

日本レーザーが数々の表彰を受け、注目されるようになったことは、このような社外の方々のご指導とともに、海外パートナー、国内のお客様、そして役員、社員の奮闘のおかげであり、本書を上梓できましたことを厚く御礼申し上げます。

本書の出版にあたっては、前書の『ありえないレベルで人を大切にしたら23年連続黒字になった仕組み』と同じく、藤吉豊さんとダイヤモンド社の寺田庸二さんに大変なご支援を賜りました。

紙面の都合でご紹介できなかった多くの皆様にも心から御礼申し上げます。ありがとうございました。

2019年4月

近藤宣之

巻末プレミアム

修羅場経営者が体得した「お金の哲学」

「経営者」としてのお金の哲学

◉人が回れば、お金も回る

私にとって会社の存在意義とは、**「雇用の維持」**です。

もう少し具体的に言うと、

「人を雇用し、その人が働くことで得られる喜びを味わえ、仕事を通じて成長でき、企業という舞台で人生をまっとうし、自己実現が図れる」

ことです。

「自分はリストラされるかもしれない」と怯《おび》えている社員が、会社のために力を発揮することはありません。

「自分は会社から大切にされている」という実感を持てるようになったとき、社員は会社のために一所懸命働いてくれます。

当社のクレド（信条）の中に、

「CSより先にES（お客様満足より社員満足が第一）」

と明記しているのも、

「社員の成長が会社の成長であり、社員が会社や同僚、自分たちの供給する製品やサービスに満足していなければ、決してお客様を満足させることはできない」と考えているからです。

会社には、「ヒト」「モノ」「カネ」「情報」の4つの経営資源がありますが、「モノ」「カネ」「情報」を使って新しい商品やサービスを生み出すのは、常に「ヒト」です。「ヒト」がいるから、付加価値を生み出すことができるのです。

◉「社員の成長」には惜しみなくお金をかける

会社の成長は、「ヒト」の成長によってつくり出されます。したがって私は、「社員教育」にお金を惜しみません。

日本レーザーでは、**総売上の「1％」を目途として教育研修にお金をかけています。**総売上は２０１７年度が39億円、２０１８年度が33億円でしたから、**ほぼ３０００万円は少なくとも教育研修費**に充てています。

ちなみに、接待交際費は２０１７年度が７９０万円（総売上の**０・２％**）、２０１８年度が１２００万円、ただし創立50周年記念関連の行事を除くと６００万円（総売上の**０・18％**）でしたから、**接待交際費より5倍多くのお金を社員教育**に使っていることになります。

◉女性事務員にも海外出張の機会を

社員の多くを「海外出張」に行かせているのも、「社員の成長のため」です。経費の仕分け上、旅費交通費になっていても、必要以上の海外旅費は、教育・研修のためです。

海外出張にはひとり当たり平均**50万〜60万円**の費用がかかりますが、毎年、**ほぼ正社員全員が海外出張**している計算になります（年に数回、海外出張に行く社員がいるため）。海外の展示会参加には、役員・幹部・担当者の3〜4人程度を派遣する会社が多い中、当社ではその**3倍以上の10人程度**を毎回派遣）。

また、女性事務員にもその機会を与えています。内勤の女性社員は購買、営業事務、内勤営業、総務、経理等ですが、総務・経理を除いてすでに**全女性社員が海外出張経験者**です。出張先では**各自が別行動**ですので、ひとりで海外企業と商談や情報収集をすることで社員は**一気に成長**します。

2019年も、2月には入社3年目の女性事務員がサンフランシスコの展示会に参加し、3月には、まだ入社2年目の女性事務員を上海の展示会と中国工場でのトレーニングに参加させました。6月のミュンヘンの展示会にも女性社員が参加します。その効果は**その女性社員の人生が変わるくらいのインパクト**があります。

◉海外出張ではタクシーよりも「ウーバー」を

サンフランシスコの展示会に10人の社員と参加したときに、なんと半数の社員がスマホのアプリに配車サービス「ウーバー」を入れていました。初めてアメリカに行った女性事務員もしっかり活用していました。

タクシーより「ウーバー」のほうが、次のようにはるかにメリットがあります。

- 現金不要で、クレジットカードで引き落とされる
- タクシーより料金が安いし、面倒なチップを計算しないですむ
- タクシーがつかまえにくい場所でもすぐにきてくれ、運転手も安全で治安上の不安がない
- 多人数用の大型車も簡単に手配できる
- 到着までの時間や行先までの所要時間も、メールに表示されるので不安がない

私のような年配者は「ウーバーよりもタクシー」と思っていましたが、若い社員のおかげで、夜間にタクシーが少ないところでは、こんな便利で安全なものはないと実感した次第です。

◉社長よりも社員に還元する

日本電子から日本レーザーに出向になったとき、私の年収は日本電子が決めていました。

日本レーザーが黒字でも、グループ全体の業績が悪いと、役員報酬はカットされます。

あるとき本社から、「社長は10％、役付き役員は５％、平取（肩書きのない取締役）は３％のカット」という指示が届きました。

日本電子から派遣された私の年収がカットされるのはわかります。しかし、それ以外の生え抜き役員の年収までカットされるのはおかしい。日本レーザーは安定的に黒字を出していたので、「連結決算だからしかたない」では筋が通りません。

そこで私の責任において、**「減額は私だけ」**にすることにしたのです（他の役員は昨年と同水準）。すると、常務のほうが社長の私よりも年収が高くなったのですが、私が**「自分は損をしてでも、社員の頑張りに報いる」**という姿勢を貫いたことで、常務の私に対する忠誠心は向上しました。

日本レーザーが独立してからは、自己責任で年収を決められるようになりましたが、私は**「社長よりも常務、取締役の待遇向上」**に努めました。

その結果、社長以外の役員に関しては、同規模中小企業の平均よりも高く、社長に関しては、中小企業の社長の平均（オーナー経営者）よりもずっと低くなっています。

◉社員に喜んでもらえることが幸せ

かつて日本レーザーでは、社員の頑張りを評価する「業績表彰」の一環として、社員に報奨金を現金で支払っていました。「金賞…10万円、銀賞…7万円、銅賞…5万円」です。

ところが税務署から、「源泉徴収しなさい」と通達がきて、仕組みを変えました。

「金賞受賞者は、ボーナスに**0・3か月分**、銀賞受賞者は**0・2か月分**、銅賞受賞者は**0・1か月分**上乗せする」ようにしたのです。正社員には、ボーナスに上乗せするので、税金を差し引くことができます。

一方、**嘱託、パート、アルバイト、派遣社員には、接待費に計上される商品券を賞与代わりに支給**しています（パートさんには所得税の負担が生じ始める103万円の壁もありますので）。

さらに、社員旅行や忘年会の懇親会での福引やじゃんけん大会の賞品には、**「近藤宣之のポケットマネーから支払う」**（私の給与所得からの贈与）にしています。

そうすれば、賞金や賞品をもらった社員も源泉徴収を気にしなくてもいいのです。

年3回、社員旅行、ゴルフコンペ、忘年会等の社員行事のパーティ代や賞品を、個人的に負担しています。わが社のCEOは「チーフ・エンターテインメント・オフィサー」です（笑）。

「トップが自腹を切って、社員に報いる」という姿勢が、社内の風通しをよくし、社員の会社に対する忠誠心を育《はぐく》みます。

・「享楽にふけるためのお金＝**死に金**」
・「人の成長のために使うお金＝**生き金**」
だと私は考えていますから、**会社のお金は社員のために使う**。自分のお金も、時には社員のために使う。それが「**お金を生かす方法**」だと思います。

◉英語力はこれからの社会を生きるパスポート

社員の職務に応じた能力アップは、ＯＪＴや社外研修の役割ですが、誰にとっても必要な英語力は全社的に取り組んでいます。

「社長英語塾」は私自身が講師となって実施し、教科書は無料で配布。自分で選択する英語の通信教育や、東京本社での外国人講師を招いての英語教室は、費用の3分の2は会社負担。ＴＯＥＩＣ受験費用は**年３回まで全額会社負担**。ＴＯＥＩＣスコアに応じた手当を支給（最高年間30万円、**10年間で３００万円受け取った社員**もいます）。

さらに、毎月の社内報は、社長からのメッセージ（現在は会長からのメッセージ）を１９９９年からすでに**20年間**、**英語で社員に提供**しています。私が書いた英文原稿をアメリカ人のコンサルタントが文法のチェックだけでなく、自然な英語に書き換えてくれています。サンディエゴに住む彼に**毎月５万円の報酬**を支払っています。これも社員のためですが、社員の英語力のレベルアップのために、このような手厚い支援は大企業でもあまりないでしょう。

◉家族にもプレゼント

社員、役員だけでなく、誕生日に在籍しているパート、アルバイト、派遣社員にも**全員一律に5800円のギフトブック**を贈呈しています（家族宛に送付）。毎年、お父さんやお母さんの誕生日にギフトブックがくる家はあまりありません。家族団らんで、何をもらうか話し合うことで、家族のコミュニケーションに役立っています。

さらに、株主社員（正社員、役員、フルタイム嘱託社員）には、**1万円のギフトブック**を毎年2月の株主総会後に株主優待策として送付しています。これは豪華カタログです。

その他、社員と役員は、家族や知人・友人誰でもいいのですが、ひとりに一冊の雑誌を毎月無料で贈っていいのです。私は毎日夕方、本社の清掃にきていただいている、ビル管理会社の清掃の女性に贈っています。

清掃会社の女性は3人交代で毎日2人がきてくれますが、この3人とも当社の毎年の周年パーティや忘年会、ビアパーティに招待しています。直接的な雇用契約はなくても、**我々の仲間**だからです。こうして、社員だけでなく家族や清掃会社の女性も、ともに働く仲間という連帯感が高まるのです。

◉社内の同好会にも補助金

社内には、スパ（温泉）めぐりの会、城めぐりの会、映画の会、美食の会、山登りの会、スキー同好会、ゴルフの会等々いろいろな同好会があり、パートでも派遣でも、**ひとり年間1万円の補助金**を出しています。複数の同好会に入ってもかまいませんが、補助金を受け取れるのはひとつだけです。雇用契約に関係なく、働く仲間の人生の楽しみを補助しています。

◉お金に対する「リスク感覚」を磨く

ビジネスの現場では、「商品を渡したのに、お金を支払ってもらえない」「お金を支払ったのに、それに見合うサービスが受けられない」といったことがあります。

当社の場合なら、為替の影響で利益が減ったり、取引先から一方的に契約を切られたりすることもあります。

そんなときに理不尽だと嘆いてもしかたがないので、**「お金には常にリスクがつきもの」という前提に立ったリスク管理**が必要です。

リスク感覚を養うには、

「自分の余剰資金を運用してみる」
「損をしても支障が出ない程度で、投資をしてみる」
といいと思います。投資をすると、「目指すリターンによって負うべきリスクが変わる」「マーケットは常に変化している」「想定外のことが起きる」ことを自分事として実感できるようになります。

こうした経験を通して、「お客様の支払能力を過信してはいけない」「入金が遅れても困らないように、あらかじめ手を打っておく」「外部環境が変化しても対処できるように、現預金を持っておく」といった**リスク回避能力**が身につきます。

◉銀行から低利で借り、証券会社の商品で運用

当社も、「実質無借金経営」になり、**現預金が有利子負債の3倍以上**になると、いろいろと運用するようにしました。

また、メインバンクからは「コミットメントライン（↓197ページ）」を有効に使うよう要請されて、借入れもしています。

借入金利は0・5%程度です。その資金は日常の運転資金ではありませんので、証券会社の投資信託や仕組債といった商品で運用しています。

為替リスクもありますが、いざというときの保険にもなる商品です。

半年から数年の運用期間で、これまで平均すれば、だいたい**3・5%程度の利回り**を確保しています。

このように借入れを増やすことで、自己資本比率は低下しますが、**金融資産は増大**するのです。

私のお金の使い方

◉お金は「自分」で稼ぐもの

私は、大学時代から、「自分でお金を稼いで、自分の力で生きていく」経験を重ねてきたので、**「生涯現役で働き続け、自分でお金を生み出していく」**考えです。

私が今も現役なのは、年金や退職金をあてにするより、「自分で稼ぐ」ほうが**エキサイティングな人生**を送れるからです。

◉若いときは、「本」「人」「旅行」にお金を使う

私はこれまで、**「本を買う」「人に会う」「旅行をする」**など、向上心や成長意欲を満たしてくれるものに多くのお金を費やしてきました。

大学時代に、ドイツへの交換実習生（IAESTE）として渡欧できたのも、高校時代にドイツ語を第2外国語として選択し勉強したので、ドイツ語の試験にも合格できたからでした。

一方、高校から大学で最も情熱を傾けたのは、「競技スキー（アルペンスキー競技）」です。

アメリカ駐在中の30年前（45歳時）、コロラド州・スチームボートでのNASTARレースで金メダルを獲得

私は10代のときから競技スキーを始め、都大会入賞や、オーストリア・インスブルックのローカル大会で入賞した実績があります（遠征費や道具代は自分で稼いでいました）。

スポーツも経営も、**「リスクと可能性の選択」**です。

「これをやると、失敗するかもしれない」というリスクと、「これがうまくいくと、成績が伸びるかもしれない」という可能性を天秤にかけながら、ベストな選択を見極めていかなければなりません。

私は競技スキーを通して、**「設定したゴールや目標に向かって、努力を続ける大切さ」「情熱を燃やし続ける大切さ」「可能性にかける大切さ」**を学ぶことができました。

◉ヨーロッパ各国のスキー場「50か所」に手紙を出し、アルバイト先を見つける

大学時代の1965年、21歳のときに、父からの勧めもあり、ドイツ交換留学生として、1年間、ヨーロッパに滞在したときのことです。父は、「自分の目でヨーロッパを見てこい」と言ったにもかかわらず、「生活は自分でなんとかしろ」と突き放すだけ。なにしろ500ドルしか日本から持ち出せない時代です。母が心配してくれ、いくつかの装身具も持参しました。

日本を出る前、スイス、オーストリア、イタリア、ドイツのスキー場にあるホテルやレストランなど**「50か所」**に、片っ端から「アルバイトをさせてほしい」と手紙を送り、最終的にインスブルック近くのゼーフェルトというスキー場から、「住み込みで働く」ことを許可する返事が届きました（スキー場を選んだのは、私が競技スキーをしていたからです）。

この経験から、**「自分から働きかけてアピールする」**ことの大切さを学びました。

また生活のために、持参した装身具をオーストリアのスキーリゾートで売って歩きましたが、売るには現地の語学力（ドイツ語）がいることを痛感しました。

◉スキーのワールドカップ大会の取材をして、原稿料「80万円」を稼ぐ

このゼーフェルト滞在中、スイスのミューレンやとオーストリアのキッツビューエルにFIS（国際スキー連盟）A級（現ワールドカップ）大会を観戦しにいきました。

当時は、アルペン競技で史上2人目の3冠王になったフランスのジャン＝クロード・キリーの全盛時代。帰国後、このとき撮影した写真を『スキージャーナル』という創刊されたばかりの雑誌の出版社に持っていき、社長に売り込みました。すぐに写真と記事の連載が決まり、半年間・全6回の連載を持つことになったのです（1966年、22歳時）。

大卒の初任給が「約2万円」の時代に、私が受け取った原稿料はなんと「**80万円**」。**初任給の40か月分を半年で**稼いでしまったのです。

◉一時的な損得に一喜一憂しない

日本レーザーのような輸入商社は、為替レートの変動に影響されやすい。日本レーザーの場合、**1円の円高・円安で、年間で約2000万円もの利益の増・減**になります。

為替レートは常にチェックしていますが、だからといって為替レートが上がっても下がっても、

一喜一憂することはありません。ストレスになるからです。個人で投資をするときも、短期的な変動に一喜一憂しないほうが精神的にも健康にもいい。長い目で見れば上がっていくことが多いからです。

◉投資先は、自分の頭で考えて決める

ゆとりある資金で投資体験することは、生きた経済を学ぶうえでも意義があります。その場合は、銀行や証券会社の意見や宣伝ではなく、いろいろな情報を収集・統合し、**自分の頭で考えて、判断**することが大切です。

◉なじみのある会社に投資する

日本レーザーの社員は、役員、正社員、嘱託社員のほぼ全員が、自分が働く日本レーザーに出資（投資）しています。だから毎月の経営トップや女性の経理課長の財務状況報告を真剣に聞いています。他社に投資する場合も、自分が親しみを持っている会社を対象に、その経営状況をしっかり把握すれば、投資の意義も増します。単なる欲得やお金儲けで投資すれば火傷をするリスクもあります。

◉自分の「人生の経営者」になる

日本レーザーが、社内で選択制確定拠出年金（401k）の説明会を開いているのは、公的年金だけでなく、**私的年金で老後の資金を補完することが大切**だからです。

- **選択制確定拠出年金**（401k）……加入者が毎月一定の金額を積み立て、投資信託などの金融商品を用いて加入者自らが資産運用し、60歳以降に年金または一時金で受け取る

老後の生活スタイルは人それぞれですが、「平成28年家計調査年報」（総務省統計局）によると、1か月の生活費の平均は、

- **高齢夫婦無職世帯**（夫65歳以上、妻60歳以上の夫婦のみの無職世帯）……26万7546円
- **高齢単身無職世帯**（60歳以上の単身無職世帯）……15万6404円

となっています。一方、収入も人それぞれではありますが、同調査によると、

- **高齢夫婦無職世帯**……21万2835円
- **高齢単身無職世帯**……12万93円

となっています。

より豊かな老後生活を送るためには、公的年金、退職金、企業年金も含めた老後資金を考えて

おくことが大切です。

個人の人生も会社経営も、「あるべき姿を実現するために(目的)、お金を集め、お金を使う(手段)」という面ではよく似ています。

今は会社に雇用される身であっても、会社を定年退職したあとは、**「人生の経営者」**として、自分の力で資金繰りをしていかなければなりません。

定年間際にあわてて老後資金の工面をするのでは間に合わない。早い段階から、「どのような人生を送りたいのか」「そのためにいくら必要なのか」「その資金をどのように調達するか」「家計を決算書に見立てたとき、財務状況はどうなっているのか」を**「経営者の目線」**で考えていくことが大切だと思います。

◉お財布には「ひも(ストラップ)」をつけておく

「お金持ちは、長財布を使っている」といった説もありますが、私は「2つ折り」の財布を使っています。

「2つ折り」の財布を使っている理由は、「スーツの内ポケットに入れやすい」からです。その2つ折りの財布に**「ひも(ストラップ)」をつけて「落とさない」**ようにしています(財布だけでなく、パスケースや携帯電話にもストラップをつけています)。

以前、アメリカ出張中に、空港からのシャトルバスの中に携帯電話を落としてしまったことがあります。幸い携帯電話は無事に戻ってきましたが、バスの運転手から法外な「お礼」を求められ、数十ドル支払ったことがありました。

また、妻とニューヨーク観光中、妻がハンドバッグをひったくられ、クレジットカード、トラベラーズチェック、キャッシュカード、現金をすべて盗まれたこともあります。摩天楼を見上げていてお上りさんと思われたのでしょう。不覚でした。

それ以来、「財布を落とす」「財布をなくす」「財布を盗られる」といったリスクに備えるようになりました。

スーツはビジネスマンにとって「鎧《よろい》」と同じです、**お財布にひもをつけて内ポケットに入れておく**のは、私にとっての「リスク管理」です。

◉「癒し」のためにお金を使う

「癒し」とは、「人を癒す（喜んでもらう）」ためにお金を使う。あるいは、「自分が癒されたとき（喜びをいただいたとき）にそのお返しをする」という意味です。

たとえば、社員のおかげで出張しているので、国内、海外を問わず、毎回自分が出張に行ったときには、自費でお土産を買って帰ります。「京都に行ったら、〇〇〇だね」と社員から希望が出ることもあります。**「癒し」を交換し合うと、周囲の人間関係がよくなります。**

また、私はロータリークラブ（ＲＣ：国際的な社会奉仕連合団体「国際ロータリー」）のメンバーで、東京築地ＲＣに所属していますが、毎週「ニコニコボックス」にポケットマネーを寄付しているのも「癒し」のためです。

●ニコニコボックス……会員が自由意思で善意の寄付金を入れる箱のことです。会員、家族などの慶び事、祝い事をニコニコしながら披露し、喜びを分かち合うという趣旨です。

社外での講演をしたり、雑誌の取材記事が掲載されたりすることが毎週のようにあるので、毎週ポケットマネーで「ニコニコ寄付」をしています。

◉なぜ、自分の講演料、原稿料、印税をすべて会社に入れるのか

私は年間60回程度、経営に関する講演をしています。講演は夜間や土曜日にもありますが、講演料はすべて会社に入れています。また、この本で5冊目の経営書になりますが、すべての印税も会社に入れています。損益計算書上は「営業外収入」になりますが、年間５００万～１０００万円程度の収入になります。

講演の準備や、原稿を書くのはおもに自宅で、休日や夜に行っています。本業の日本レーザーの代表取締役会長／ＣＥＯとしての海外出張や日々の業務があるからです。

では、なぜすべての収入を会社に入れているかと言えば、社員の働きのおかげで、25年間も黒

字経営を続けられているからです。また、「人を大切にする経営学会」副会長として、北海道から沖縄まで企業訪問、また経営学会の地方支部でのフォーラムなどの活動にボランティアで参加しています。そうした活動を支えるのは会社の経費です。ですから、社外活動での収入はすべて会社に入れているのです。

◉「日本の基礎研究支援」のためにお金を使う

日本レーザーの仕事を通じて、最近、極端に国からの基礎研究予算が削減されていることを実感します。かつての国立大学ですら新規のレーザーや分析機器の購入の予算が極めて少なくなっています。ポスドク（博士号を取得した研究員）の就職難も残念なことです。

そこで甥のひとりが、ある国立大学法人（理系）の大学で准教授になったのを機に、彼の大学と研究室に個人的な寄付をしました。

当社のビジネスとはまったく関係のない研究ですが、純粋に若い研究者を支援していきたいと思っています。

◉次代の中小企業経営者のための大学院構想に共鳴

法政大学大学院教授だった坂本光司先生が定年退官後に、中小企業の次代の経営者を育成しようと、「人を大切にする経営人財塾」を始められました。1年間、毎月2日間の講義と、視察旅行や実践研修等を含むコースです。私も手弁当で講師を務めております。

いわゆるビジネススクールが「いかに経営するか」に重点を置いているのと違って、**「経営はどうあるべきか」にフォーカスした経営塾**です。

将来は、中小企業経営大学院大学を設立したいという坂本先生の構想に共鳴して、多くの経営者の方々とともに私も少しでも貢献したいと思っています。

【著者プロフィール】

近藤 宣之（こんどう・のぶゆき）

株式会社日本レーザー代表取締役会長。1944年生まれ。慶應義塾大学工学部卒、日本電子株式会社入社。28歳のとき、異例の若さで労組執行委員長に推され11年務める。取締役アメリカ法人支配人などを経て、赤字会社や事業を次々再建。その手腕が評価され、債務超過に陥った子会社の日本レーザー社長に抜擢。就任１年目から黒字化、以降25年連続黒字、10年以上離職率ほぼゼロに導く。役員、社員含めて総人員は65名、年商40億円で女性管理職が３割。2007年、社員のモチベーションを高める視点から、ファンドを入れずに（社員からの出資と銀行からの長期借入金のみ）、派遣社員・パート社員を除く現在の役員・正社員・嘱託社員が株主となる日本初の「MEBO」(Management and Employee Buyout)で親会社から独立。

2017年、新宿税務署管内2万数千社のうち109社（およそ0.4％程度）の「優良申告法人」に認められた。

日本商工会議所、経営者協会、日本生産性本部、中小企業家同友会、日本経営合理化協会、関西経営管理協会、松下幸之助経営塾、ダイヤモンド経営塾、慶應義塾大学ビジネス・スクールなどで年60回講演。

第１回「日本でいちばん大切にしたい会社」大賞の「中小企業庁長官賞」、第３回「ホワイト企業大賞」、第10回「勇気ある経営大賞」など受賞多数。「人を大切にする経営学会」の副会長も務める。

著書に、ロングセラーとなっている『ありえないレベルで人を大切にしたら23年連続黒字になった仕組み』（ダイヤモンド社）などがある。

倒産寸前から25の修羅場を乗り切った社長の全ノウハウ

2019年4月10日　第1刷発行
2019年4月24日　第2刷発行

著　者――近藤宣之
発行所――ダイヤモンド社
〒150-8409　東京都渋谷区神宮前6-12-17
http://www.diamond.co.jp/
電話／03･5778･7236（編集）　03･5778･7240（販売）
装丁――――渡邊民人（TYPEFACE）
編集協力――藤吉 豊（文道／クロロス）
本文デザイン――布施育哉
製作進行――ダイヤモンド・グラフィック社
印刷――――信毎書籍印刷（本文）・新藤慶昌堂（カバー）
製本――――宮本製本所
編集担当――寺田庸二

ISBN 978-4-478-10628-0